创客训练营

LabVIEW for Arduino
应用技能实训

肖明耀 夏 清 郭惠婷 温漠洲 编著

中国电力出版社
CHINA ELECTRIC POWER PRESS

内 容 提 要

　　Arduino 是全球最流行的开源硬件和软件开发平台集合体，Arduino 易于学习和上手，其简单的开发方式使得创客开发者集中关注创意与实现，开发者可以借助 Arduino 快速完成自己的项目。

　　本书遵循"以能力培养为核心，以技能训练为主线，以理论知识为支撑"的编写思想，采用基于工作过程的任务驱动教学模式，以 LabVIEW for Arduino 的 20 个任务为载体，采用图形化编程方法设计 Arduino 控制程序，采用嵌入 LabVIEW 的编译器进行编译、下载到 Arduino 控制器，使读者掌握 LabVIEW for Arduino 嵌入式设计的工作原理，学会 LabVIEW for Arduino 程序设计和编程工具及其操作方法，提高 LabVIEW for Arduino 的应用技能。

　　本书由浅入深、通俗易懂、注重应用，便于创客学习和进行技能训练，可作为大中专院校机电类专业学生的理论学习与实训教材，也可作为技能培训教材，还可供相关工程技术人员参考。

图书在版编目（CIP）数据

LabVIEW for Arduino 应用技能实训/肖明耀等编著. —北京：中国电力出版社，2018. 5
（2022.11重印）
（创客训练营）
ISBN 978－7－5198－1810－4

Ⅰ．①L… Ⅱ．①肖… Ⅲ．①软件工具-程序设计 Ⅳ．①TP311.56

中国版本图书馆 CIP 数据核字（2018）第 043010 号

出版发行：中国电力出版社
地　　址：北京市东城区北京站西街 19 号（邮政编码 100005）
网　　址：http://www.cepp.sgcc.com.cn
责任编辑：杨扬（010-63412524）
责任校对：李楠
装帧设计：左铭
责任印制：杨晓东

印　　刷：三河市航远印刷有限公司
版　　次：2018 年 5 月第一版
印　　次：2022 年 11 月北京第二次印刷
开　　本：787 毫米×1092 毫米　16 开本
印　　张：11.5
字　　数：296 千字
定　　价：38.00 元

LabVIEW for Arduino应用技能实训

前　言

　　"创客训练营"丛书是为了支持大众创业、万众创新，为创客实现创新提供技术支持的应用技能训练丛书，本书是"创客训练营"丛书之一。

　　Arduino 是全球最流行的开源硬件和软件开发平台集合体，Arduino 的简单开发方式使得创客开发者集中关注创意与实现，Arduino 学习便捷，容易上手，开发者可以借助 Arduino 快速完成自己的项目。

　　本书遵循"以能力培养为核心，以技能训练为主线，以理论知识为支撑"的编写思想，采用基于工作过程的任务驱动教学模式，以 LabVIEW for Arduino 的 20 个任务为载体，采用图形化编程方法设计 Arduino 控制程序，采用嵌入 LabVIEW 的编译器进行编译、下载到 Arduino 控制器，使读者掌握 LabVIEW for Arduino 嵌入式设计的工作原理，学会 LabVIEW for Arduino 程序设计和编程工具及其操作方法，提高 LabVIEW for Arduino 的应用技能。

　　全书分为创建 LabVIEW for Arduino 开发环境、Arduino 输入输出控制、Arduino 模拟量控制、中断定时控制、串口通信、应用串口总线、LCD 驱动、应用特殊功能模块、电机的控制九个项目，每个项目设有一个或多个训练任务，通过任务驱动技能训练，使读者快速掌握 LabVIEW for Arduino 应用的基础知识，编程技能、程序设计方法与技巧。项目后面设有习题，用于技能提高训练，全面提高读者 LabVIEW for Arduino 的综合应用能力。

　　应用 LabVIEW 进行 Arduino 程序设计与编译，是一种创新的尝试，相信本书的出版，能为广大创客应用 Arduino 提供支持和帮助。

　　本书由肖明耀、夏清、郭惠婷、温漠洲编写。

　　由于编写时间仓促，加上作者水平有限，书中难免存在错误和不妥之处，恳请广大读者批评指正，请将意见发至 xiaomingyao@ 963. net，不胜感谢。

编　者

目　录

项目一 创建LabVIEW for Arduino开发环境

学习目标

（1）学会安装 LabVIEW。
（2）学会安装 LabVIEW for Arduino 编译器。
（3）学用 LabVIEW。

任务1 安装 LabVIEW for Arduino 软件

基础知识

一、安装 LabVIEW、Arduino 编译器

1. 下载安装 LabVIEW

LabVIEW（Laboratory Virtual instrument Engineering Workbench）即实验室虚拟仪器集成环境，它是一种图形化的编程语言，也是一种工业标准的图形化开发环境。它结合了图形化编程方式的高性能与灵活性，具有测试、测量与自动化控制应用的高性能与配置功能，能为数据采集、仪器控制、测量分析与数据显示等各种应用提供必要的开发工具。

LabVIEW 最新中文评估版本可以从 NI 公司网站下载。

LabVIEW 相关中文评估版本也可到斯科道公司网盘去下载。

链接：http：//pan. baidu. com/s/1bniD7XX

密码：mghc

下载后可以安装 LabVIEW。

2. 安装 LabVIEW for Arduino 编译器

VIPM（VI Package Manager）是由 OpenG 组织开发的 VI 包管理器，它被用来管理 OpenG 设计的 VI，当然也被 MGI（Moore Good Ideas 公司）用来管理 MGI 开发的 VI。正因为如此，要想安装 MGI VI（Moore Good Ideas 公司向 LabVIEW 用户社区提供的一项公共服务，该库可免费使用和分配），必须先安装 VIPM。

LabVIEW for Arduino 编译器是 2015 年才面世的，其功能是将 LabVIEW 上编写的 VI 翻译成 Arduino IDE 约定的文本式语言，便于 Arduino IDE 编译成机器码下载到硬件中。目前有两种版本：一为个人家庭教育版；二为企业标配版。现在功能相当，均可通过 VIPM 免费下载使用 7 天，更多的内容，请参照斯科道公司：www. scadao. com 网站介绍，切入打开 VIPM 下载有两种途径。

（1）VIPM 位置 1（见图 1-1）。点击桌面"开始"图标，接着点击"VI Pakage Manager" VIPM 管理器图标，打开 VIPM 下载管理器。

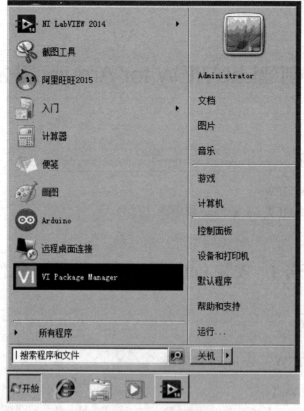

图 1-1 VIPM 位置 1

（2）VIPM 位置 2（见图 1-2）。点击执行 LabVIEW 软件"工具"菜单下的"VI Pakage Manager" VIPM 管理器子菜单命令，打开 VIPM 下载管理器。

图 1-2 VIPM 位置 2

（3）安装 Arduino LabVIEW 编译器。切入进去 VIPM 后（必须联网），等待一段时间，会回送相关软件包资源，回送的 Arduino LabVIEW 编译器位置如图 1-3 所示。

按照图 1-3 选择双击"Arduino Compatible Compiler for LabVIEW"软件包，进去后一步步按提示安装，完成后，退出 VIPM 和 LabVIEW，重启 LabVIEW 后，会在工具菜单中看到编译器

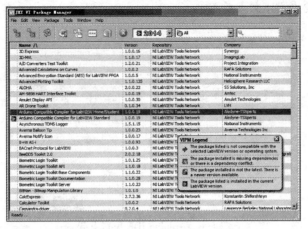

图 1-3　Arduino LabVIEW 编译器位置

的菜单条目（见图 1-4）。

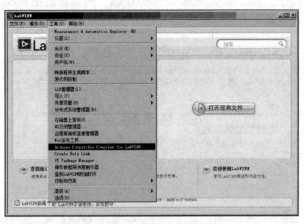

图 1-4　编译器菜单条目

3. 安装 Arduino IDE 软件

（1）Arduino IDE 安装软件链接（见图 1-5）。Arduino IDE 软件开发平台到如下链接去免费下载最新版本安装：https：//www. arduino. cc/en/main/software

图 1-5　Arduino IDE 安装软件链接

（2）Arduino IDE 免费下载（见图1-6）。

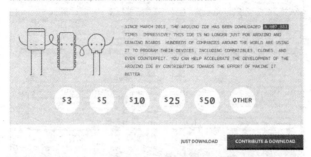

图1-6　Arduino IDE 免费下载

（3）由斯科道公司网站下载安装 Arduino IDE。到斯科道公司企业网盘上去下载 Arduino 1.6.8 版本，链接：http：//pan. baidu. com/s/1bniD7XX，网盘密码是 mghc。

下载完成后，请按照默认 C 盘路径安装（见图1-7）。

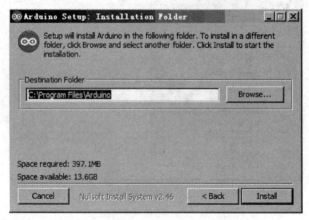

图1-7　Arduino IDE 安装在默认路径

如果安装到其他盘符路径，LabVIEW 通信有可能联系不上 Arduino，请读者特别要注意这一点。

4. 安装 NI-VISA

NI-VISA（Virtual Instrument Software Architecture，VISA）是美国国家仪器 NI 公司开发的一种用来与各种仪器总线进行通信的高级应用编程接口。VISA 总线 I/O 软件是一个综合软件包，不受平台、总线和环境的限制，可用来对 USB、GPIB、串口、VXI、PXI 和以太网系统进行配置、编程和调试。VISA 是虚拟仪器系统 I/O 接口软件。基于自底向上结构模型的 VISA 创造了一个统一形式的 I/O 控制函数集。一方面，对初学者或是简单任务的设计者来说，VISA 提供了简单易用的控制函数集，在应用形式上相当简单；另一方面，对复杂系统的组建者来说，VISA 提供了非常强大的仪器控制功能与资源管理。

NI-VISA 是关于 LabVIEW 处理电脑硬件接口的驱动程序，文件比较大，必须是 14.0 版本以上，斯科道公司企业的网盘有下载包，为 NI-VISA 15.0 版本。用户编程下载的端口识别，就要此驱动，下列图示按顺序列出相关解压安装步骤：

（1）打开 NI-VISA 安装包，双击 NI-VISA 应用程序安装文件，弹出安装对话框（见图 1-8）。

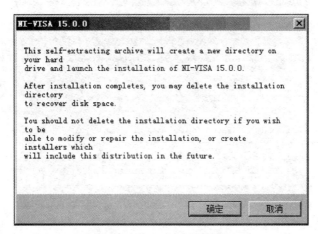

图 1-8　NI-VISA 安装对话框

（2）解压文件（见图 1-9）。

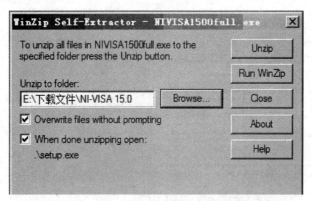

图 1-9　NI-VISA 解压

（3）单击 Unzip 解压按钮，弹出图 1-10 的安装要求画面。

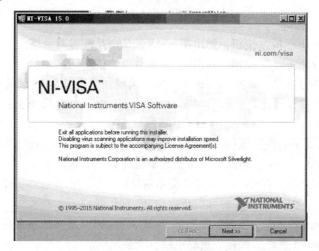

图 1-10　NI-VISA 安装要求

（4）单击"Next 下一步"按钮，弹出图 1-11 的安装位置设定对话框。

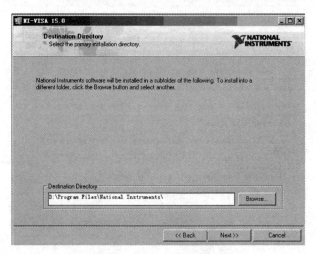

图 1-11　NI-VISA 安装位置

（5）单击"Next 下一步"按钮，弹出图 1-12 设定安装属性对话框。

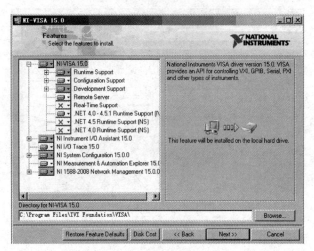

图 1-12　NI-VISA 安装属性

（6）单击"Next 下一步"按钮，弹出图 1-13 确认产品配置对话框。

（7）单击"Next 下一步"按钮，弹出图 1-14 许可协议对话框。

（8）选择接受许可协议，单击"Next 下一步"按钮，弹出图 1-15 软件许可条款对话框。

（9）选择接受软件许可条款，单击"Next 下一步"按钮，弹出图 1-16 驱动软件安装对话框。

（10）单击"Next 下一步"按钮，弹出图 1-17 驱动开始安装对话框。

（11）单击"Next 下一步"按钮，开始安装驱动（见图 1-18）。

（12）经过一段时间，弹出图 1-19 安全提示对话框，复选信任选项，单击安装按钮。

（13）安装完成，弹出图 1-20 的可重新启动 PC 对话框。

（14）单击"Next 下一步"按钮，弹出图 1-21 的重启 PC 选项按钮对话框。

（15）单击"Restart 重启"按钮，重启电脑，安装完成。

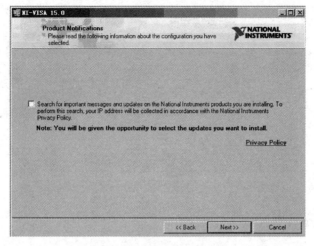

图1-13　确认产品配置

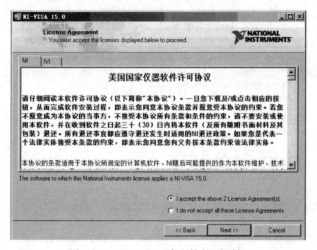

图1-14　NI-VISA许可协议对话框

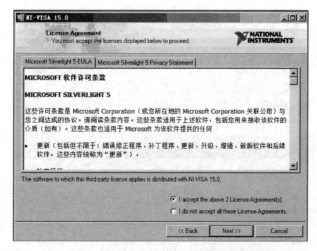

图1-15　NI-VISA许可条款对话框

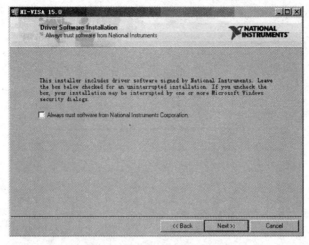

图 1-16　NI-VISA 驱动安装

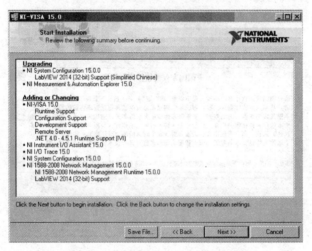

图 1-17　NI-VISA 开始安装对话框

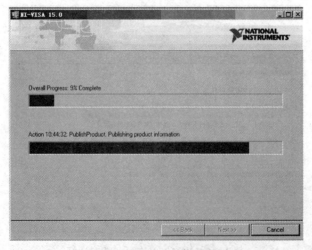

图 1-18　NI-VISA 安装过程显示

图 1-19　NI-VISA 安全提示对话框

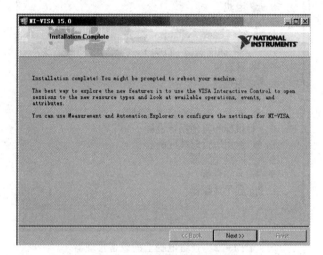

图 1-20　可重新启动 PC 机

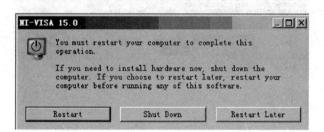

图 1-21　重启 PC 选项按钮

二、应用 Arduino 编译器

1. 安装 Arduino Uno 驱动软件

将 Arduino Uno 硬件板，通过 USB 连线到电脑，会自动将驱动装上的，查看电脑上的设备管理器（见图 1-22）。

2. 查看 Arduino 编译器端口

点击 LabVIEW 工具菜单中的 Arduino 编译器菜单条，初次打开编译器会有段时延进行内联，此间点击菜单尚未激活，等菜单激活后，选择正确的下载端口和板件，Arduino 硬件与 PC 机相连串口选择如图 1-23 所示。

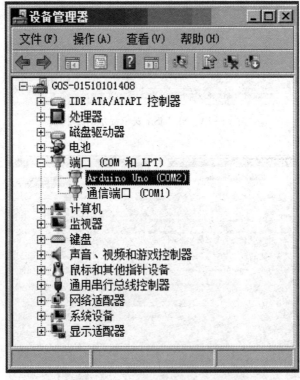

图 1-22　查看电脑上的设备管理器

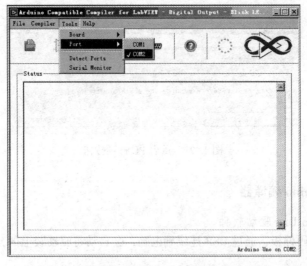

图 1-23　Arduino 硬件与 PC 机相连串口选择

3. Arduino 编译器应用

(1) 选择 Arduino 硬件, 通过图 1-24 可见支持的 Arduino 板件型号种类很多。

(2) 装载闪烁 LED VI。

1) 点击工具栏中的装载图标 (见图 1-25)。

2) 选择闪烁 LED VI (见图 1-26), 然后编译下载, 截图 VI 内用中文作了步骤解释。

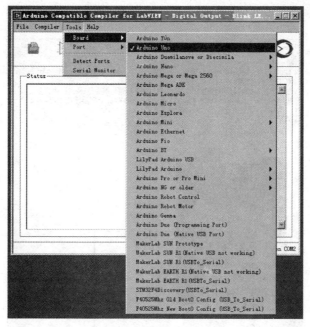

图 1-24 选择 Arduino Uno

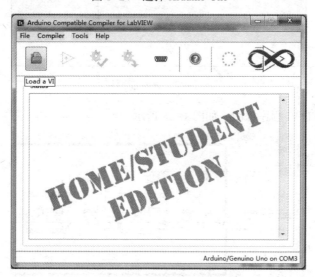

图 1-25 点击工具栏中的装载图标

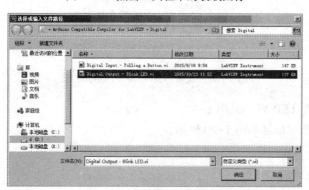

图 1-26 选择闪烁 LED VI

3）查看前面板，如图 1-27 所示。

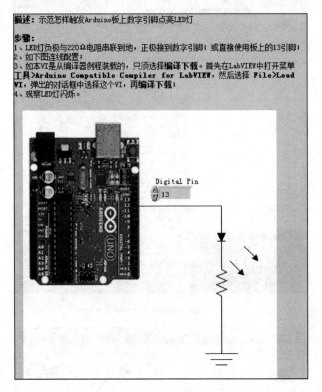

描述：示范怎样触发Arduino板上数字引脚点亮LED灯

步骤：
1、LED灯负极与220Ω电阻串联到地，正极接到数字引脚；或直接使用板上的13引脚；
2、如下图连线配置；
3、如本VI是从编译器例程装载的，只须选择**编译下载**。首先在LabVIEW中打开菜单 **工具>Arduino Compatible Compiler for LabVIEW**，然后选择 **File>Load VI**，弹出的对话框中选择这个VI，再**编译下载**；
4、观察LED灯闪烁。

Digital Pin
13

图 1-27 查看前面板

4）查看闪烁 LED VI 程序框图，如图 1-28 所示。

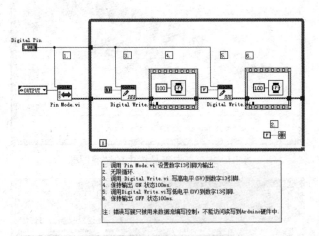

1. 调用 Pin Mode.vi 设置数字13引脚为输出.
2. 无限循环.
3. 调用 Digital Write.vi 写高电平 (5V)到数字13引脚.
4. 保持输出 ON 状态100ms.
5. 调用Digital Write.vi写低电平 (0V)到数字13引脚.
6. 保持输出 OFF 状态100ms.
注：错误写簇只被用来数据流编写控制，不能访问读写到Arduino硬件中.

图 1-28 查看闪烁 LED VI 程序框图

5）编译下载闪烁 LED VI（见图 1-29）。

6）查看下载状态栏信息如图 1-30 所示。

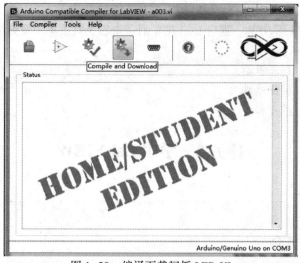

图 1-29　编译下载闪烁 LED VI

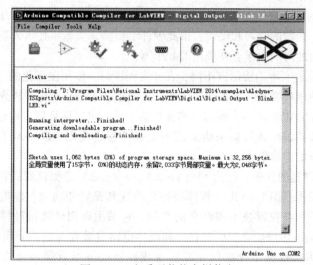

图 1-30　查看下载状态栏信息

 技能训练

一、训练目标

（1）学会安装 LabVIEW。

（2）学会安装 LabVIEW for Arduino 编译器。

二、技能训练内容与步骤

（1）安装 LabVIEW。

（2）安装 LabVIEW for Arduino 编译器。

1）启动 VIPM 管理器。

2）等待回送 Arduino 编译器安装包。

3）双击"Arduino Compatible Compiler for LabVIEW"软件包，进去后一步步按提示安装，

完成 Arduino Compatible Compiler for LabVIEW 安装。

　　4）退出 VIPM 和 LabVIEW，重启 LabVIEW 后，查看工具菜单中看到编译器的菜单条目。

　　（3）安装 NI-VISA。

　　（4）安装 Arduino Uno 驱动。

　　（5）查看 Arduino 编译器端口。

　　（6）试用 Arduino 编译器。

任务 2　学用 LabVIEW

 基础知识

一、LabVIEW 简介

1. 认识 LabVIEW

LabVIEW 产生的程序是框图的形式，便于学习和应用，特别适合硬件工程师、实验室技术人员和生产一线的工艺师的学习和使用，由此硬件工程师、实验室技术人员和生产一线的现场技术人员可以在很短的时间内学会并应用 LabVIEW。

LabVIEW 与传统的文本编程语言不同，在开发程序时，使用图形化的"G"语言，基本上不用写程序代码，使用科学家、工程师、技术人员熟悉的术语、图标和概念，采用结构框图或编辑程序，因此，LabVIEW 是一个面向终端客户的工具，可以增强用户构建自己的科学系统工程能力，提供实现仪器编程和数据采集系统的便捷途径，使用 LabVIEW 可以提高原理设计、测试并实现仪器系统的工作效率。

使用 LabVIEW 创建的程序，称为 VI（Virtual instrument）虚拟仪器。它的表现形式和功能类似于实际使用的仪器，但 LabVIEW 程序很容易改变其设置和功能。虚拟仪器是基于计算机的仪器，是计算机技术与仪器技术相结合的产物，它采用通用计算机硬件和系统，配合软件 VI 实现各种仪器功能。传统仪器把所有软件和硬件电路封装在一起，利用仪器前面板提供简单有限的功能，而虚拟仪器系统提供完成测量或控制任务所有硬件和软件，功能完全由用户定义和设置，并且可利用虚拟仪器技术高效的定义数据采集、分析、存储、共享和显示功能。

LabVIEW 集成了满足 GPIB、VXI、RS-232 和 RS-485 协议的硬件及数据采集卡通信的全部功能，内置了便于应用 TCP/IP、ActiveX 等软件标准的库函数，通信功能强大。LabVIEW 已经广泛地被工业界、学术界和研究实验室所接受，被看作一种标准的数据采集和仪器控制软件。

2. LabVIEW 的运行原理

传统的程序是顺序执行的，而 LabVIEW 程序是由数据流驱动的，本质上是一种带有图形控制流结构的数据流模式，这种方式确保程序中的节点或函数，只有在获得了它所需全部数据后才能被执行，即程序是由数据驱动的，不受计算机、操作系统等影响。

基于数据流驱动的程序只有它所需全部输入数据有效时才能被执行，基于数据流驱动的程序的输出只有当它的功能完整时才是有效的。LabVIEW 中框图之间的数据流控制着程序执行的顺序，文本程序受执行顺序的约束。LabVIEW 通过相互连接的框图快速的开发应用程序，也可以使多个数据通道同步运行，开发并行控制程序。

3. LabVIEW 的应用领域

（1）测量。LabVIEW 就是为测试测量而开发的，因此，测试测量是 LabVIEW 的主要应用领域，至今，大多数主流的数据采集设备、测试测量仪器配置了专用的 LabVIEW 驱动程序，使用 LabVIEW 可以便捷的控制这些仪器，用户可以选择各种测试测量的工具包，开发适用于个性化测量的仪器。

（2）仿真。LabVIEW 包含多种多样的函数，特别适用于进行模拟、仿真的工作。设计硬件设备时，可以先在 LabVIEW 中构建仿真模型，进行原理性仿真验证，查找潜在的错误，性能完善后再进行实际制作。

（3）控制。LabVIEW 拥有专门应用于控制的模块——LabVIEW DSC，工业控制领常用的设备、数据线通常也带有相应的 LabVIEW 驱动程序，由此 LabVIEW 可以编制各种适用于工业控制的测控应用程序。

（4）跨平台应用。LabVIEW 具有良好的跨平台一致性，可以使同一个程序运行于多个硬件平台。LabVIEW 的程序代码不需任何修改就可以应用于 Windows、Mac OS、Linux，LabVIEW 也支持各种实时操作系统及嵌入式设备，适应于跨平台应用。

4. 启动、退出 LabVIEW 2014

（1）启动 LabVIEW。依次点击 Windows 的"开始"、"程序"、"National instruments LabVIEW 2014"菜单命令，或者双击桌面上的"National instruments LabVIEW 2014"图标，可以启动 LabVIEW 2014 程序。启动后的程序界面如图 1-31 所示。

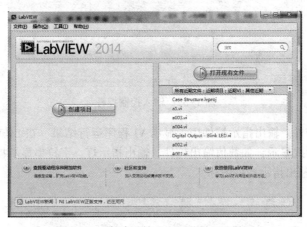

图 1-31　启动后的 LabVIEW 2014 界面

启动后的 LabVIEW 2014 界面分别是文件和资源两部分，用户可以在这个界面新建工程项目、新建 VI、新建基于模版的 VI 等，也可以打开已有的项目、VI 程序。

用户在这个界面获得各种帮助、查看 NI 公司网站新闻、技术支持、应用范例、培训资源，可以在线参与 LabVIEW 论坛、查看知识库、代码共享、请求技术支持，还可以学习 LabVIEW 入门知识、查找 LabVIEW 范例、查找 LabVIEW 驱动程序、查找 LabVIEW 附加软件等。

（2）退出 LabVIEW。点击执行"文件"菜单下的"退出"命令，或者点击 LabVIEW 启动界面右上角的红色"×"关闭按钮，即可退出 LabVIEW。

二、LabVIEW 2014 开发环境

LabVIEW 具有功能完整的程序开发环境，是一种规范的图形化程序设计语言，具有与其他程序设计语言不同的结构和语法规则，使用 LabVIEW 开发的应用程序称为 VI（Virtual instrument）虚拟仪器。基本 VI 包括前面板和后面板两部分。前面板是图形化用户界面，后面板用于编辑图形化的用户程序。

1. 前面板

前面板是图形化用户界面，用于模拟真实仪器的界面和设置用户的输入、观察输出值，是人机交互的窗口。输入量一般作为控制用，输出量一般用作指示。

在前面板中，用户使用的图标包括按钮、开关、旋钮、波形图、实时趋势图等，由此使前面板界面与真实仪器面板一样。

前面板对象的功能可以分为输入控制控件、输出指示控件和修饰控件三种，输入控制控件是用户设置和修改 VI 程序参数输入的接口，输出指示控件用于显示 VI 程序运行结果。如果将 VI 程序看作仪器，那么输入控制控件就是仪器的控制开关和数据输入端口，输出指示控件就是仪器用于指示测量值的显示窗口。修饰用于装饰前面板，使前面板看上去更美。

（1）输入控制控件。输入控制控件是用户设置和修改的接口，在 LabVIEW 中，输入控制控件对象以图标形式显示，如数值输入控件、按钮控件、旋钮控件、枚举控件等，图 1-32 是部分输入控制控件图标。

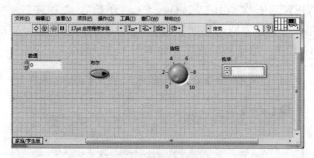

图 1-32　输入控制控件

（2）输出指示控件。输出指示控件用于显示 VI 程序运行结果。在 LabVIEW 中，输出指示控件对象也以图标形式显示，如数值输出控件、输出指示灯、字符串显示控件、仪表显示控件等，图 1-33 是部分输出指示控件图标。

图 1-33　输出指示控件

（3）修饰控件。修饰用于装饰前面板，使前面板看上去更美。修饰控件是不能用于数据交流的，如线条、方框、凸盒、凹盒、圆、箭头等，LabVIEW 中的修饰控件如图 1-34 所示。

2. 后面板

后面板用于设计程序框图。程序框图使用图形化编程语言编写，由节点、端口和连线组成，如图 1-35 所示。

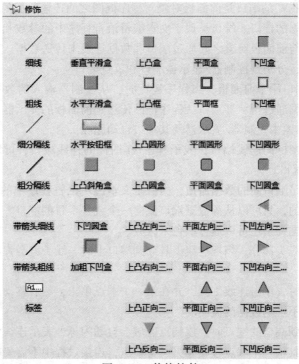

图1-34 修饰控件

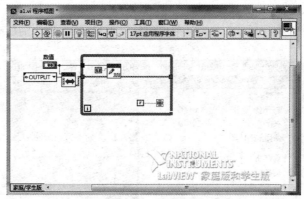

图1-35 程序框图

（1）节点。

节点是程序中的基本执行单元，类似文本编辑语言程序中的语句、函数、子程序作用。

节点之间通过数据连线按照一定的逻辑关系相互连接，以确定程序框图中数据流动。LabVIEW中具有4种类型节点，分别是结构节点、功能函数节点、代码接口节点和子VI节点。

1）结构节点。用于控制程序执行方式的节点，包括顺序结构、循环结构、事件结构和公式节点结构。

2）功能函数节点。它是LabVIEW的内置节点，提供基本的数据与对象操作，如数学运算、逻辑运算、比较运算、字符串运算、文件操作等。

3）代码接口节点。它是LabVIEW与外部程序的接口，包括调用库函数节点、代码接口节点和动态数据交换接口节点等。

4）子VI节点。将一个VI以子VI的形式调用，相当于子程序调用。

（2）端口。LabVIEW 的端口是前面板对象与程序框图之间传输数据的通道接口，在程序框图的节点之间传输数据的接口。端口类似于文本编辑语言程序中的参数和常数。

节点之间、节点与前面板对象之间通过端口和数据连线来传送数据。

端口分为两大类，分别是控制器/显示器端口和节点端口。

控制器/显示器端口用于前面板，当程序运行时，从控制器输入的数据通过控制器端口送到程序框图，输出数据通过指示器端口从程序框图传送到前面板的显示器。在前面板删除控制器/显示器时，程序框图中控制器/显示器及其端口自动删除。

节点端口是函数图标的连线端口，或子程序 VI 图标的连线端口，可以用于连接函数、子VI 和控制器/显示器端口。

（3）连线。连线是端口间的数据通道，类似于文本编辑语言程序中的赋值语句。LabVIEW中的数据是单向流动的，只可以从源数据端口流向一个或多个目的端口。不同的线型代表不同的数据类型，各种数据类型还可以通过颜色来区分。

连线点是连线的线头部分。当把连线工具放到端口上时，线头就会弹出，并显示出该端口的名称。

在两个端点连线时，单击连线工具，并在第一个端点单击，然后移动到第二个端点，再单击一次。端点的次序不影响数据的流向。

当把连线工具放到端口的端点时，该端点区域会自动闪烁，表示连线将接通该端点。单击一个端点后，连线工具从一个端点移动到另一个端点，连接过程中不需要按住鼠标。需要转弯时在转弯处单击一次，以垂直的方向弯曲连线，按空格键可以改变转角的方向。

3. LabVIEW 2014 的"文件"菜单

打开一个项目或 VI 程序后，"文件"菜单包括对项目或 VI 程序的所有操作，"文件"菜单如图 1-36 所示。

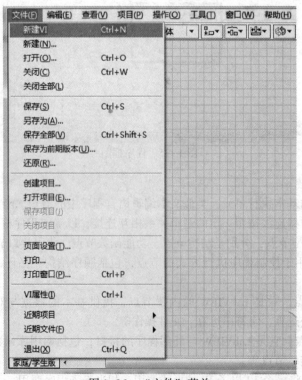

图 1-36 "文件"菜单

4. LabVIEW 2014 的"编辑"菜单（见图 1-37）

LabVIEW 2014 的"编辑"菜单，包括撤销、重做、剪切、复制、粘贴、从删除、选择全部、当前值设置为默认值、重新初始化默认值、自定义控件、整理程序框图、创建子 VI、查找和替换等菜单命令。

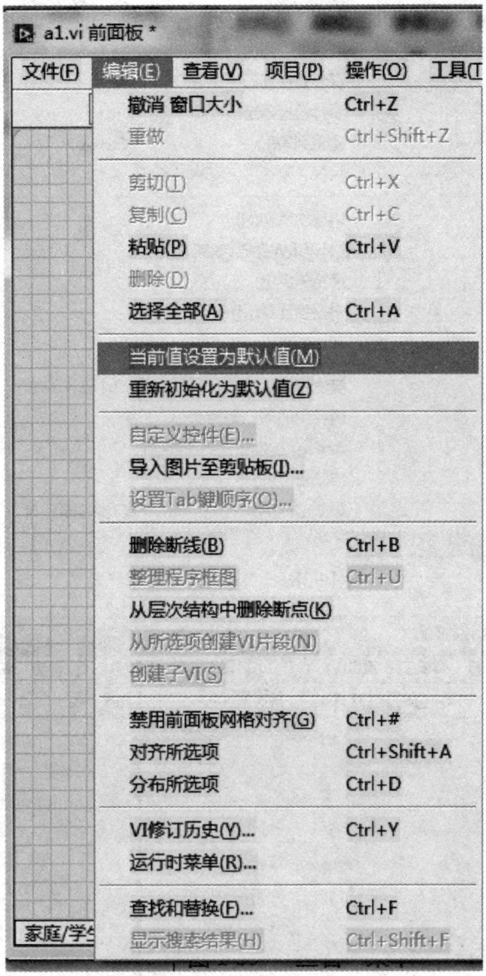

图 1-37 "编辑"菜单

5. LabVIEW 2014 的"查看"菜单

LabVIEW 2014 的"查看"菜单包括程序中所有与显示有关的命令，如图 1-38 所示。

6. LabVIEW 2014 的"项目"菜单（见图 1-39）

7. LabVIEW 2014 的"操作"菜单（见图 1-40）

8. LabVIEW 2014 的"工具"菜单（见图 1-41）

9. LabVIEW 2014 的"窗口"菜单（见图 1-42）

10. LabVIEW 2014 的"帮助"菜单（见图 1-43）

11. LabVIEW 2014 的工具栏按钮

（1）前面板设计窗口的工具栏按钮。前面板设计窗口的工具栏按钮包括控制 VI 程序运行的命令和设计对象排列方式的各种按钮，按钮名称如图 1-44 所示。

图1-38　"查看"菜单

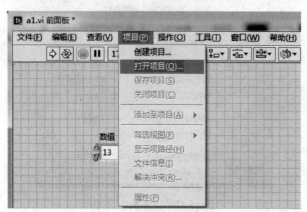

图1-39　"项目"菜单

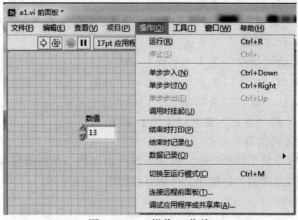

图1-40　"操作"菜单

图 1-41　"工具"菜单

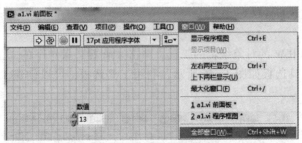

图 1-42　"窗口"菜单

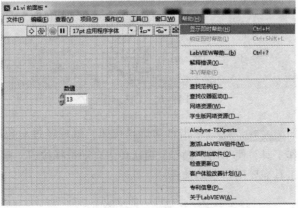

图 1-43　"帮助"菜单

图1-44　前面板设计窗口的工具栏按钮

（2）后面板程序框图的工具栏按钮。后面板程序框图的工具栏按钮包括控制 VI 程序运行的命令、设计程序框图排列的命令按钮和程序调试的按钮，按钮名称如图1-45所示。

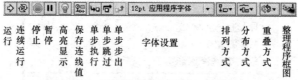

图1-45　后面板程序框图的工具栏按钮

12. LabVIEW 2014 的操作选板

LabVIEW 2014 的程序创建主要依靠工具选板、控件选板、函数选板完成。工具选板提供创建、修改和调试程序的基本工具。控件选板提供各种控制和显示量，它们分类放置，主要是创建前面板中的对象，构建程序界面。函数选板包含各种编写程序过程要用到的函数或 VI 子程序，主要用于创建程序框图中的对象。函数选板中的对象也是分类放置的，以便用户选用。

一般启动 LabVIEW 2014 时，工具选板、控件选板、函数选板会自动显示在屏幕上。由于控件选板只对前面板有效，所以控件选板只有在前面板处于激活状态时才会显示。函数选板只对后面板程序框图有效，所以函数选板只有在后面板程序框图处于激活状态时才会显示。如果选板无显示，可以点击执行"查看"菜单下的"工具选板"命令，显示工具选板。点击执行"查看"菜单下的"控件选板"命令，显示控件选板。点击执行"查看"菜单下的"函数选板"命令，显示函数选板。

1. 工具选板

工具选板是 LabVIEW 的对象编辑的工具，单击"查看"菜单下的"工具选板"命令，可以打开工具选板，工具选板如图1-46所示，利用工具选板，可以创建、修改程序中的对象，调试程序。

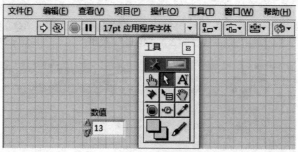

图1-46　工具选板

（1）自动选择按钮 。单击自动选择按钮，鼠标经过对象时，系统会自动选择工具选板中的相应操作工具，便于用户操作。再次单击自动选择按钮，用户选择手动操作，工具选板中的相应操作工具需要用户手动选择。

（2）操作值显示按钮。单击操作值显示按钮，程序运行时，用户可以操作改变前面板对象的控制量，或显示指示器的指示值。

（3）定位/调整/选择按钮。单击定位/调整/选择按钮，用于选择对象，改变对象的位置和大小。

（4）编辑文本按钮。单击编辑文本按钮，可以创建标签或输入标签值。

（5）连线按钮。单击连线按钮，可以在程序框图编辑界面，移动鼠标到接近对象时，会显示数据端口，进行数据端口连接操作。

（6）对象快捷菜单按钮。单击对象快捷菜单按钮，使用该工具选择对象时，会显示该对象的快捷菜单。

（7）滚动窗口按钮。单击滚动窗口按钮，无须滚动条，就可以自由滚动图形画面。

（8）设置清除断点按钮。单击设置清除断点按钮，可以在程序中设置或清除断点。

（9）探针按钮。单击探针按钮，移动鼠标到代码中的某个位置，可监视该点的数据变化。

（10）选取颜色按钮。单击选取颜色按钮，可在当前窗口中提取某种颜色。

（11）设置颜色按钮。单击设置颜色按钮，可以设置窗口的前景色、后景色。

2. 控件选板

控件选板是用户设置前面板对象的工具，用于创建前面板的控制量、显示量对象。单击"查看"菜单下的"控件选板"命令，可以打开控件选板，LabVIEW 2014 的控件选板如图1-47所示。

控件选板包括数值，布尔，字符串与路径，数组、矩阵和簇，列表、表格，图形，下拉列表与枚举，容器，I/O，修饰等子选板，通过各子选板选择其下属数据对象，来创建前面板的所需的控制量、显示量。

（1）数值。单击数值子选板，弹出数值选板选项，用于选择数值控件或显示值对象，如旋钮、滑竿、仪表、数值输入、数值输出等。

（2）布尔。单击布尔子选板，弹出布尔选板选项，用于选择布尔数据类型控件或显示值对象，如按钮、开关、指示灯等。

（3）字符串与路径。单击字符串路径子选板，弹出字符串路径选板选项，用于选择字符串及路径控件或显示值对象，如字符串、文本、菜单、路径等。

（4）数组、矩阵和簇。单击数组、矩阵和簇子选板，弹出数组、矩阵和簇选板选项，用于选择数组、矩阵和簇控件或显示值对象，如数组、矩阵、簇、可变数据类型等数据。

（5）列表、表格。单击列表、表格子选板，弹出列表、表格选板选项，用于选择列表、表格控件或显示值对象，如列表框、树形列表框、表格等。

（6）图形。单击图形子选板，弹出图形选板选项，用于选择图形、波形控件或显示值对象，如波形图、曲线图、密度图、三维曲面等。

（7）下拉列表与枚举。单击下拉列表与枚举子选板，弹出下拉列表与枚举选板选项，用于选择下拉列表与枚举控件或显示值对象，如文本、菜单、图形、枚举变量的控制对象和显示量。

（8）容器。单击容器子选板，弹出容器选板选项，用于选择容器类控件或显示值对象，如

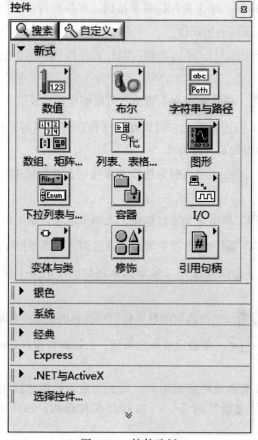

图 1-47　控件选板

TAB 容器、Active 容器等。

（9）I/O。单击 I/O 子选板，弹出 I/O 选板选项，用于与硬件输入输出数值控件或显示值对象，如 VISA 数据源、DAQ 数据通道等。

（10）修饰。单击修饰子选板，弹出修饰选板选项，用于选择修饰控件，如修饰界面的线条和框等。

3. 函数选板

函数选板是后面板处理函数对象的工具，存放各种编辑程序用的函数，用于创建后面板的 VI 程序框图的设计。单击"查看"菜单下的"函数选板"命令，可以打开函数选板，LabVIEW 2014 的函数选板如图 1-48 所示。

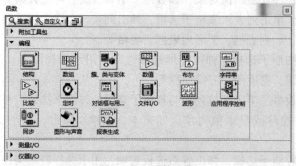

图 1-48　函数选板

（1）结构。单击结构子选板，弹出结构函数选板选项，用于选择顺序、分支、循环等结构类控件对象，如顺序结构、条件结构、While循环结构、For循环结构、事件结构等。

（2）数值。单击数值子选板，弹出数值函数选板选项，用于选择算术运算、数值类转换、三角函数、对数函数、数值常量等，如加、减、乘、除、sin、cos等。

（3）布尔。单击布尔子选板，弹出布尔函数选板选项，用于选择布尔型数据运算函数对象，如布尔常数、逻辑与、逻辑或、逻辑非、布尔量与数值量转换函数等。

（4）字符串。单击字符串子选板，弹出字符串函数选板选项，用于选择字符串操作类控件对象，如字符串与数值、数组与路径转换、字符串常量函数等。

（5）数组。单击数组函数子选板，弹出数组函数选板选项，用于创建数组和对数组操作。如数组大小、将元素插入数组、从数组删除元素、初始化数组等。

（6）簇、类与变体。单击簇、类与变体函数子选板，弹出簇、类与变体函数选板选项，用于创建簇和对簇数据进行操作。如捆绑、创建簇数组、簇转换为数组、簇常量等。

（7）比较。单击比较函数子选板，弹出比较函数选板选项，用于布尔型数据、数值数据、字符串数据、簇数据和数组型数据，如各种比较运算符、选择函数、极值函数、强制转换函数等。

（8）定时。单击定时函数子选板，弹出定时函数选板选项，用于控制程序执行速度、从系统时间得到数据等操作，如计时、时间控制、提取系统时间、出错处理函数等。

（9）文件I/O。单击文件I/O子选板，弹出文件I/O函数选板选项，用于创建、打开、读取、写入文件和对文件路径操作等。

（10）波形。单击波形函数子选板，弹出波形函数选板选项，用于选择波形函数类控件对象，进行波形相关的操作，如正弦波、矩形波等。

（11）应用程序控制。单击应用程序子选板，弹出应用程序选板选项，用于打开、关闭应用程序和VI的参考号，节点、程序的停止和退出等程序操作函数，菜单、帮助、时间等函数。

（12）图形与声音。单击图形与声音子选板，弹出图形与声音选板选项，用于创建图形，从图形文件获取数据，对声音信息进行处理等。如图形属性、画图、图像函数、图像格式、声音等。

（13）报表生成。单击报表生成子选板，弹出报表生成选板选项，用于创建和控制应用程序报表，如简单文本报表、新建报表、打印报表等。

4. 其他编辑选项的设置

（1）设置VI默认的显示风格。

1）单击"工具"菜单下的"选项"命令，可以打开图1-49所示的选板设置对话框。

2）选择"新增及改动选项"类别，设置前面板"新VI控件样式"为"新式"。

3）单击"确定"按钮，前面板控件样式如图1-50所示。

（2）前面板网格线设置。为了方便用户对齐前面板上的对象控件，LabVIEW的前面板设置了网格线，网格线的大小和背景对比度可以设置。

1）选择前面板类别，在前面板网格设置区，选中"显示前面板网格"复选框，并调整"默认前面板网格大小（像素）"为"10"。

2）单击"确定"按钮，前面板网格显示，前面板网格大小为10像素。

（3）自定义控件选板风格设置。

1）单击控件选板对话框的"自定义按钮"，弹出自定义菜单，选择"查看本选板"子菜单项，在弹出的下级菜单命令中选择执行"类别（图标和文本）"命令。

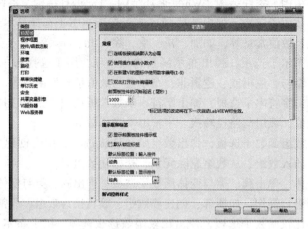

图 1-49　选板设置对话框

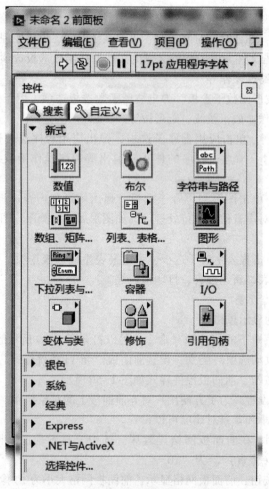

图 1-50　前面板控件样式为"新式"

2）执行该命令后，前面板控件选板中的控件同时显示图标和文本，便于用户选择使用。

（4）后面板函数选板风格设置。

1）单击后面板函数选板对话框的"自定义按钮"，弹出自定义菜单，选择"查看本选板"子菜单项，在弹出的下级菜单命令中选择执行"类别（图标和文本）"命令。

2）执行该命令后，单击后面板函数选板中的控件同时显示图标和文本，便于用户选择使用。

（5）后面板自动连线设置。后面板图标放置后，且鼠标移动到原有图标时，用户希望程序会自动匹配端口并自动连线，具体的靠近的距离等参数设置方法如下。

1）打开选项设置对话框。

2）选择"程序框图"设置项，在连线设置区，选择"启用自动连线"复选框。

3）连线最小距离（像素）默认设置值是4，最大距离（像素）默认设置值是32，用户可以根据需要进行修改。

（6）系统字体设置。

1）打开选项设置对话框。

2）选择"环境"设置项，在字体设置区，去掉"使用默认字体"复选框中对勾，并单击"字体样式"按钮。

3）打开字体样式设置对话框，在对话框中选择设置字体为"宋体"、大小为"12"样式，并选择"默认前面板"、"默认程序框图"复选框。

4）单击"确定"按钮，字体样式为宋体12新样式。

（7）系统颜色设置。

1）打开选项设置对话框。

2）选择"环境"设置项，在颜色设置区，去掉"使用默认颜色"复选框中对勾。

3）单击"程序框图"项，弹出程序框图背景色设置对话框，选定一种颜色。

4）单击"确定"按钮，确定程序框图背景色。

三、应用 LabVIEW 实现加法运算

1. *启动* LabVIEW

依次点击 Windows 的"开始"、"NI LabVIEW 2014SPI"，启动 LabVIEW 2014 程序。

2. *创建一个* VI

（1）单击执行"文件"菜单下的"新建 VI"命令。

（2）新建一个空白的 VI 程序，自动弹出新建 VI 的前面板、后面板编辑界面，如图 1-51 所示。

图 1-51　前、后面板

3. 前面板运算对象设计

（1）在前面板，点击执行"查看"菜单下的"控件选板"命令，弹出控件选板。

（2）单击"数值"子选板，打开数值子选板。

（3）单击选择数值输入控件，移动鼠标在合适位置单击，放置一个数值输入对象到前面板，如图1-52所示。

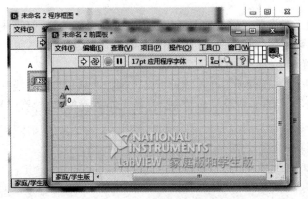

图1-52　放置一个数值输入控件对象

（4）双击数值输入对象的标签"数值"，修改标签名为"A"。

（5）单击选择数值输入控件，移动鼠标在合适位置单击，放置第二个数值输入对象到前面板。

（6）右击第二个数值输入对象，弹出右键快捷菜单，选择执行菜单中"属性"命令。

（7）弹出图1-53所示的数值类的属性对话框。

图1-53　数值类的属性对话框

（8）修改标签属性为"B"，单击"确定"按钮，第二个数值输入对象的标签变更为B。

（9）单击选择数值显示控件，移动鼠标在合适位置单击，放置一个数值显示对象到前面板。

（10）双击数值输出对象的标签"数值"，修改标签名为"Y"。

（11）单击控件选板右上角的红色"X"按钮，关闭控件选板。

（12）选择前面板A、B对象，单击对齐方式按钮，在弹出的选项按钮中，单击左边缘对齐按钮，使A、B对象左对齐。

（13）选择前面板A、Y对象，单击对齐方式按钮，在弹出的选项按钮中，单击上边缘对齐按钮，使A、Y对象上对齐。

4. 后面板程序设计

（1）单击后面板蓝色标题栏，使后面板程序框图位于编辑界面的最前面，显示程序框图界面，如图1-54所示。如果后面板编辑界面没有显示，可以点击执行前面板"窗口"菜单下的"显示程序框图"命令，打开后面板，显示程序框图。

图1-54　显示程序框图

（2）点击执行"查看"菜单下的"函数选板"命令，弹出函数选板。

（3）单击"数值"运算函数子选板，打开数值运算子函数选板。

（4）单击"加"运算函数选项，移动鼠标在A、B、Y对象间的合适位置点击，放置一个加运算函数图标到程序框图，如图1-55所示。

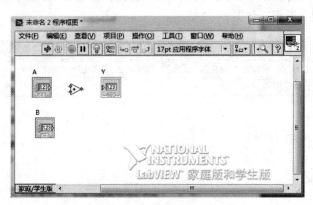

图1-55　放置加运算函数

（5）移动鼠标到加函数图标的左上端，自动弹出连线工具，并显示函数连线端x。

（6）移动鼠标，连线工具跟着移动，在连线需要转角处单击，一个90°转角出现。继续移动鼠标，使连线工具与数值输入对象A接线端连接，加函数的"x"输入端与数值输入对象A

间画了一条连线。

（7）连接加函数的"y"输入端与数值输入对象B，连接加函数的"x+y"输出端与数值输出对象Y。

（8）单击函数选板右上角的红色"X"按钮，关闭函数选板。

（9）点击执行"文件"菜单下的"保存为"命令，弹出命名VI对话框，选择保存VI的路径和文件夹，并命名为"add1"。

（10）单击"确定"按钮，保存VI。

5. 运行调试VI程序

（1）单击前面板蓝色标题栏，使前面板位于编辑界面的最前面。如果前面板编辑界面没有显示，可以点击执行后面板"窗口"菜单下的"显示前面板"命令，打开前面板编辑窗口。

（2）点击执行"窗口"菜单下的"左右两栏显示"命令，使前面板、程序框图界面左右两栏显示，如图1-56所示。

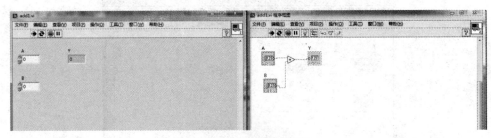

图1-56　左右两栏显示

（3）单击前面板工具栏的"⬚"连续运行按钮，弹出连续运行的前面板界面。

（4）在前面板数值输入控件对象A的文本框输入数字"2"，按键盘回车键"Enter"，数值输出控件对象立即显示运算结果"2"。

（5）在前面板数值输入控件对象B的文本框输入数字"3"，按键盘回车键"Enter"，数值输出控件对象立即显示运算结果"5"。

（6）单击后面板程序框图工具栏的高亮显示执行过程按钮，不断显示程序执行过程，并在数据端口和连线上显示数据，如图1-57所示。

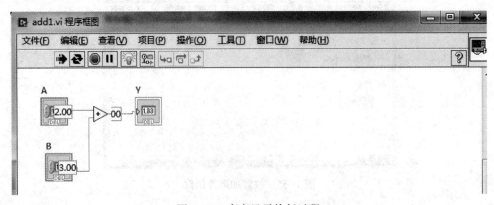

图1-57　高亮显示执行过程

（7）再次单击后面板程序框图工具栏的高亮显示执行过程按钮，停止显示程序执行过程，在数据端口和连线上显示数据消失。

（8）单击后面板程序框图工具栏的保存连线值探针按钮，移动鼠标到加函数图标输出端的连线，立即显示加函数输出值"5"。

（9）移动鼠标到加函数图标输出端的连线单击，弹出图1-58所示的探针监视窗口，显示探针处测到的数据。

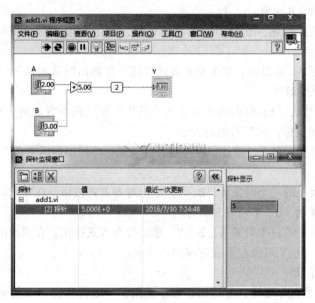

图1-58　探针监视窗口

 技能训练

一、训练目标

（1）能够正确启动、退出 LabVIEW 程序。

（2）能正确创建一个 LabVIEW 项目。

（3）能够独立完成2个数据的加法 VI 的设计与调试。

二、训练步骤与内容

（1）启动 LabVIEW 2014 程序。

（2）新建 VI。单击执行"文件"菜单下的"新建 VI"命令，新建一个空白 VI。

（3）前面板运算对象设计。

1）在前面板，点击执行"查看"菜单下的"控件选板"命令，弹出控件选板。

2）单击"数值"子选板，打开数值子选板。

3）单击选择数值输入控件，移动鼠标在合适位置单击，放置一个数值输入对象到前面板。

4）双击数值输入对象的标签"数值"，修改标签名为"A"。

5）单击选择数值输入控件，移动鼠标在合适位置单击，放置第二个数值输入对象到前面板。

6）右击第二个数值输入对象，弹出右键快捷菜单，选择执行菜单中"属性"命令，弹出的数值类的属性对话框。

7）修改标签属性为"B"，单击"确定"按钮，第二个数值输入对象的标签变更为 B。

8）单击选择数值显示控件，移动鼠标在合适位置单击，放置一个数值显示对象到前面板。

9）双击数值输出对象的标签"数值"，修改标签名为"Y"。

10）单击控件选板右上角的红色"X"按钮，关闭控件选板。

11）鼠标在前面板A、B对象左上角单击，移动鼠标到前面板A、B对象的右下角，框选前面板的数据输入A、B对象。

12）单击对齐方式按钮，在弹出的选项按钮中，单击左边缘对齐按钮，使A、B对象左对齐。

13）选择前面板A、C对象，单击对齐方式按钮，在弹出的选项按钮中，单击上边缘对齐按钮，使A、C对象上对齐。

14）选择一个对象，例如数据输入对象A，当其边框出现小方块时，移动鼠标到小方块，按住鼠标左键，移动鼠标，调整对象的大小。

15）选择输出显示对象Y，按住鼠标左键，移动鼠标将输出显示对象Y移动到输入对象的下方。

16）选择前面板上的三个对象A、B、Y，单击对齐方式按钮，在弹出的选项按钮中，单击左边缘对齐按钮，使A、B、Y对象左对齐。

17）选择前面板上的三个对象A、B、Y，单击分布方式按钮，在弹出的选项按钮中单击均匀分布按钮，使A、B、Y对象在垂直方向均匀分布。

（4）后面板程序设计。

1）单击后面板蓝色标题栏，使后面板程序框图位于编辑界面的最前面，显示程序框图界面。如果后面板编辑界面没有显示，可以点击执行前面板"窗口"菜单下的"显示程序框图"命令，打开后面板，显示程序框图。

2）点击执行"查看"菜单下的"函数选板"命令，弹出函数选板。

3）单击"数值"运算函数子选板，打开数值运算子函数选板。

4）单击"加"运算函数选项，移动鼠标在A、B、Y对象间的合适位置点击，放置一个加运算函数图标到程序框图。

5）移动鼠标到加函数图标的左上端，自动弹出连线工具，并显示函数连线端x，移动鼠标，连线工具跟着移动，在连线需要转角处单击，一个90°转角出现。继续移动鼠标，使连线工具与数值输入对象A接线端连接，加函数的"x"输入端与数值输入对象A间画了一条连线。

6）连接加函数的"y"输入端与数值输入对象B，连接加函数的"x+y"输出端与数值输出对象Y。

7）单击函数选板右上角的红色"X"按钮，关闭函数选板。

8）点击执行"文件"菜单下的"保存为"命令，弹出命名VI对话框，选择保存VI的路径和文件夹，并命名为"add1"。

9）单击"确定"按钮，保存VI。

（5）运行调试VI程序。

1）单击前面板蓝色标题栏，使前面板位于编辑界面的最前面。如果前面板编辑界面没有显示，可以点击执行后面板"窗口"菜单下的"显示前面板"命令，打开前面板编辑窗口。

2）单击前面板工具栏的连续运行按钮，弹出连续运行的前面板界面。

3）点击执行"窗口"菜单下的"左右两栏显示"命令，使前面板、程序框图界面左右两栏显示。

4）在前面板数值输入控件对象 A 的文本框输入数字"2"，按键盘回车键"Enter"，数值输出控件对象立即显示运算结果"2"。

5）在前面板数值输入控件对象 B 的文本框输入数字"4"，按键盘回车键"Enter"，数值输出控件对象立即显示运算结果"6"。

6）单击后面板程序框图工具栏的高亮显示执行过程按钮，不断显示程序执行过程，并在数据端口和连线上显示数据。

7）再次单击后面板程序框图工具栏的高亮显示执行过程按钮，停止显示程序执行过程，在数据端口和连线上显示数据消失。

8）单击后面板程序框图工具栏的保存连线值探针按钮，移动鼠标到加函数图标输出端的连线，立即显示加函数输出值"6"。

9）移动鼠标到加函数图标输出端的连线单击，弹出探针监视窗口，显示探针处测到的数据。

习题1

1. 如何安装 LabVIEW for Arduino 编译器？
2. 设计完成 Y = A−B 数值运算的 VI，并进行调试运行。

学习目标

(1) 学会 Arduino 数字输出控制。
(2) 学会 Arduino 数字输入控制。
(3) 学会简易电子琴控制。
(4) 学会 LED 数码管输出控制。

任务 3 Arduino 数字输出控制

基础知识

一、Arduino 的硬件

1. Arduino

Arduino 是全球最流行的开源硬件和软件开发平台集合体,Arduino 的简单开发方式使得创客开发者集中关注创意与实现,Arduino 学习便捷,容易上手,开发者可以借助 Arduino 快速完成自己的项目。

2. Arduino 硬件

(1) Arduino Uno 开发板(见图 2-1)。Arduino Uno 开发板是以 ATmega328 MCU 控制器为基础、具备 14 路数字输入/输出引脚(其中 6 路可用于 PWM 输出)、6 路模拟输入、一个 16MHz 陶瓷谐振器、一个 USB 接口、一个电源插座、一个 ICSP 接头和一个复位按钮的控制板。

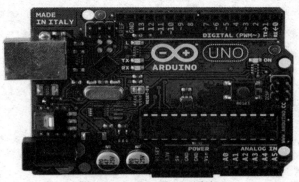

图 2-1 Arduino Uno 开发板

基本性能如下。

1) Digital I/O 数字输入/输出端共 0~13。
2) Analog I/O 模拟输入/输出端共 0~5。

3）支持 USB 接口协议及供电（不需外接电源）。

4）支持 ISP 下载功能。

5）支持单片机 TX/RX 端子。

6）支持 AREF 端子。

7）支持六组 PWM 端子（Pin11、Pin10、Pin9、Pin6、Pin5、Pin3）。

8）输入电压：接上 USB 时无须外部供电或外部 5~9V DC 输入。

9）输出电压：5V DC 输出和 3.3V DC 输出和外部电源输入。

Arduino Uno 是目前最广泛使用的 Arduino 控制器，具有 Arduino 的所有功能，是初学者的最佳选择，读者在掌握 Arduino Uno 开发技术技巧后，就可以将自己的代码移植到其他型号的控制器上，完成新项目的开发。

（2）Arduino Leonardo（见图 2-2）。Arduino Leonardo 以功能强大的 ATmega32U4 为基础。它使用集成 USB 功能的 AVR 单片机作主控芯片，提供 20 路数字输入/输出引脚（其中 7 路可用作 PWM 输出，12 路用作模拟输入）、一个 16MHz 晶体振荡器、微型 USB 连口、一个电源插座、一个 ICSP 接头和一个复位按钮。

Leonardo 不仅具备其他 Arduino 控制器的所有功能，而且可以轻松模拟鼠标、键盘等 USB 设备。

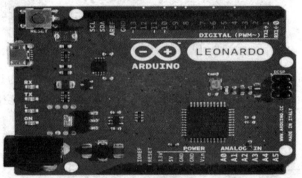

图 2-2　Arduino Leonardo

（3）Arduino Due（见图 2-3）。与一般的 Arduino 控制器使用通用 8 位 AVR 单片机不同，Arduino Due 是一款基于 ARM Cortex-M3 的 Atmel SMART SAM3X8E CPU 作主控芯片的板卡。

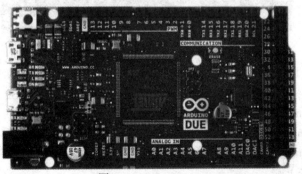

图 2-3　Arduino Due

作为首款基于 32 位 ARM 核心微控制器的 Arduino 板卡，它集成多种外部设备，Arduino Due 配备 54 路数字输入/输出引脚（其中 12 路可用于 PWM 输出）、12 路模拟输出、4 个 UART（硬件串行端口）、84MHz 时钟、可用连接 2 个 DAC（数字—模拟）、2 个 TWI、一个电源插座、一个 SPI 接头、一个 JTAG 接头、一个复位按钮和一个擦除按钮。具有其他 Arduino 控制器无法比拟的优越性能，是当前功能相对强大的控制器。

与其他 Arduino 板卡不同的是，Due 使用 3.3V 电压。输入/输出引脚最大容许电压为 3.3V，如使用更高电压，如将 5V 电压用于输入/输出引脚，可能会造成板卡损坏。

（4）Arduino Mega（见图2-4）。Arduino Mega 配有 54 路数字输入/输出引脚（其中 15 路可用于 PWM 输出）、16 路模拟输入、4 个 UART（硬件串行端口）、一个 16MHz 晶体振荡器、一个 USB 接口、一个电源插座、一个 ICSP 接头和一个复位按钮。用户只需使用 USB 线将 Mega 连接到电脑，并使用交流-直流适配器或电池提供电力，即可启动 Mega。

Arduino Mega 是一种增强型的 Arduino 控制器，它采用 ATmega2560 作为核心处理器。相对于 Arduino Uno 控制器，它提供了更多的输入输出接口，可以控制更多的设备，以及拥有更大的程序空间和内存，可以完成较大的项目。

图 2-4　Arduino Mega

（5）Arduino Mini（见图2-5）。Arduino Mini 最初采用 ATmega168 作为其核心处理器，现已改用 ATmega328，Arduino Mini 的设计宗旨是实现 Mini 在电路板应用或极需空间的项目中的应用。

图 2-5　Arduino Mini

Arduino Mini 板卡配有 14 路数字输入/输出引脚（其中 6 路用于 PWM 输出）、8 路模拟输入、一个 16MHz 晶体振荡器。用户可通过 USB 串行适配器、另一个 USB、或 RS232-TTL 串行适配器对 ArduinoMini 进行程序设定。

（6）Arduino Nano（见图2-6）。Arduino Nano 是一款基于 ATmega328（Arduino Nano 3.x）或 ATmega168（Arduino Nano2.x）的开发卡，体积小巧、功能全面且适用的电路板，需要外部模块配合来完成程序下载。

二、Arduino 开发软件

1. Arduino IDE 开发软件

Arduino IDE 开发界面是基于开放原始码原则的一款设计软件，Arduino 开发软件可以从

图 2-6　Arduino Nano

Arduino 官网免费下载使用。

Arduino 开发软件可以直接安装，也可以下载安装用的压缩文件，经解压后安装。

Arduino 开发软件安装完毕，会在桌面产生一个快捷启动图标 ，双击 Arduino 软件快捷

启动图标 ，首先出现的是 Arduino 软件启动画面（见图 2-7）。

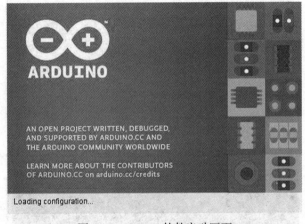

图 2-7　Arduino 软件启动画面

启动完毕，可以看到一个简明的 Arduino 软件开发界面（见图 2-8）。

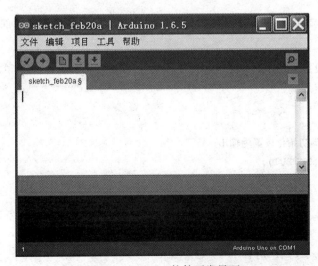

图 2-8　Arduino 软件开发界面

　　Arduino软件开发界面包括菜单栏、工具栏、项目选项卡、程序代码编辑区和调试提示区。
菜单栏有"文件""编辑""程序""工具""帮助"五个主菜单。

　　工具栏包括校验、下载、新建、打开、保存等快捷工具命令按钮。

　　相对于ICC、Keil等专业开发软件，Arduino软件开发环境显得简单明了，便捷实用，使得
编程技术基础知识不多的人也可快速学会使用。

2. Arduino程序结构（见图2-9）

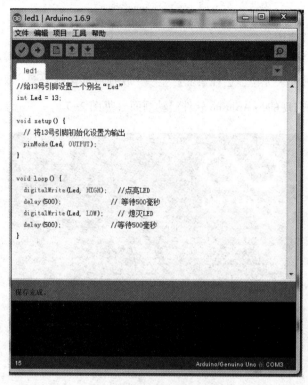

图2-9　Arduino程序结构

　　Arduino程序主要包括steup（）初始化程序和loop（）主循环程序两部分，例如，LED闪
烁程序。

```
//给13号引脚设置一个别名"Led"
int Led = 13;

void setup() {
  // 将13号引脚初始化设置为输出
  pinMode(Led,OUTPUT);
}
void loop() {
  digitalWrite(Led,HIGH);   //点亮 LED
  delay(500);               // 等待 500ms
  digitalWrite(Led,LOW);    // 熄灭 LED
  delay(500);               //等待 500ms
}
```

初始化程序 steup（）部分设定了 Arduino UNO 硬件板的 13 号引脚为输出模式。

主程序 loop（），循环设置 13 号引脚为高电平输出，延时 500ms，低电平输出，延时 500ms。

三、Arduino LabVIEW 数字量输出

1. Arduino LabVIEW 的数字量选板（见图 2-10）

图 2-10　数字量选板

Arduino LabVIEW 的数字量选板包含的 API 是配置数字引脚，读写数字输入/输出。Pin Mode. vi 必须用在数字读写 VI 之前，目的是先要配置此引脚是输入还是输出。如果用作输入，此引脚也可配置使用内部上拉电阻。

2. 引脚模式 VI（见图 2-11）

Pin Mode VI 引脚模式 VI 用于配置指定引脚 Pin 为输入或输出方向 direction，先查看 Arduino 板各数字引脚功能描述，因为 Arduino 1.0.1 版本以来就允许内部输入上拉电阻。

pin 定义 Arduino 板从哪个数字引脚读取，数据类型是 U8。

direction 定义数字引脚的数据方向，可选择输入、输出或内部上拉，数据类型是枚举类型。

error in 注：在 Arduino 硬件上错误连线只被用于程序编程时的数据流控制，错误簇中的数据不能用于读写，只能用于帮助数据流控制，因为簇数据类型在本编译器中不支持。

error out 注：在 Arduino 硬件上错误连线只被用于程序编程时的数据流控制，错误簇中的数据不能用于读写，只能用于帮助数据流控制，因为簇数据类型在本编译器中不支持。

3. 数字量写 VI（见图 2-12）

Digital Write VI 数字量写 VI，用于数字量输出控制。如果使用 Pin Mode. vi 将引脚 pin 配置成输出，可写高电平（True）或低电平（False）驱动。5V 板高电平是 5V，3.3V 板高电平是 3.3V，低电平是 0V，接地。如将引脚配置成输入，用此 VI 写 True 代表此引脚内部使能上拉电阻，写 False 代表此引脚内部禁止上拉电阻。建议将输入引脚均配置成内部使能上拉电阻。

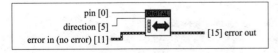
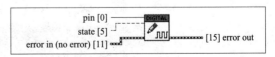

图 2-11　引脚模式　　　　　图 2-12　数字量写控件

注：如果事先没设置引脚模式为输出，而直接将 LED 灯连上，用此 VI 写 True，LED 灯微亮，即是说调用此 VI 时没声明引脚模式，写 True 相当于此引脚内部使能上拉电阻，相当于接了个限流电阻。

pin 定义 Arduino 板从哪个数字引脚输出,数据类型是 U8。

state 读取数字引脚的状态(低电平或高电平),数据类型是布尔型。

4. 数字量端口写 VI(见图 2-13)

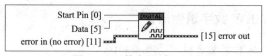

图 2-13　数字量端口写

Digital Write Port VI 从指定 Start Pin 引脚写数据 Data 到对应端口。只有此引脚序号后面端口才更新,也即是说,此引脚前面端口内容保持不变。引脚对应端口可参照相关 Arduino 文档和原理图。例如,如果 Start Pin 引脚连线到 Arduino 板上 PORTB.2,那么只有 2~7 位的数据才会被更新,位 0~1 保留当前值不变。

注:在使用此 VI 之前,必须使用 Pin Mode.vi 事先设定每个分立引脚的方向。

Start Pin 定义 Arduino 板数据开始更新的数字引脚,数据类型是 U8。

Data 写 8 位数据到对应端口,数据类型是 U8,只有 Start Pin 引脚开始后的数据才会被更新。

四、点亮一盏 LED 灯

(1)启动 LabVIE 软件。

(2)新建一个 VI。

(3)前面板控件设计。

1)添加数字输入控件到前面板。

a)右击前面板空白处,弹出控件选择面板。

b)点击选择数字控件模板。

c)在弹出的模板中,点击数字输入控件(见图 2-14)。

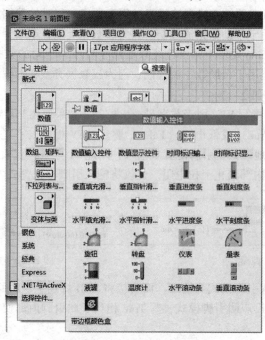

图 2-14　点击数字输入控件

d) 移动鼠标在前面板空白的适当位置点击，添加数字输入控件到前面板。

　　2) 设定初始值。

　　a) 双击数字输入控件的"数字"标签，修改为"Pin"。

　　b) 单击数字输入控件的文本栏，输入数字"13"。

　　c) 右击数字输入控件的文本栏，在弹出的菜单中选择执行"数据操作"菜单下的"当前值设置为默认值"子菜单命令（见图2-15），将"13"设置为Pin数字输入控件的初始值。

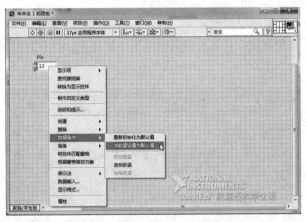

图2-15　当前值设置为默认值

　　3) 设置数字输入控件数据属性为U8。如图2-16所示，右击数字输入控件的文本栏，在弹出的菜单中选择单击"表示法"菜单右边箭头，在弹出的选项中，选择"U8"命令，将数字输入控件的数据属性设置为U8，无符号字节数据。

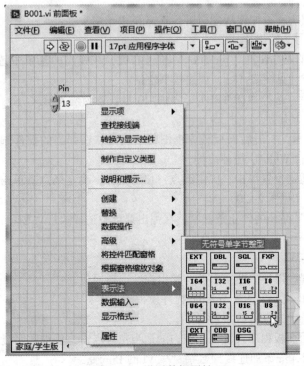

图2-16　设置数据属性

（4）保存文件。单击"文件"菜单下的"另存为"子菜单命令，弹出另存为对话框，设定保存路径文件夹，设置文件名为"B001"，单击"确定"按钮，保存文件。

（5）打开后面板程序设计框图。

（6）设计控制程序。

1）添加引脚模式 VI 到后面板程序设计框图。

a）右击后面板程序设计框图空白处，弹出控件选择面板。

b）点击选择附加工具包中的 Arduino 控件模板。

c）在弹出的模板中，点击引脚模式 VI。

d）移动鼠标在后面板程序设计框图空白的适当位置点击，添加引脚模式 vi 到后面板（见图 2-17）。

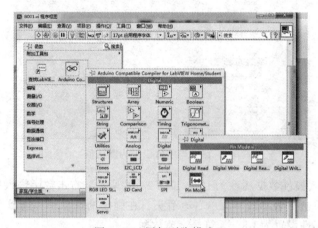

图 2-17　添加引脚模式 vi

2）数字输入控件 Pin 添加连线到引脚模式 vi 的 Pin 端。

3）设置引脚 13 号为输出模式。

a）鼠标移到引脚模式 vi 的"direction"单击右键，在弹出的菜单中选择执行"创建"菜单下的"常量"命令（见图 2-18），创建枚举常量。

b）单击枚举常量，选择"OUTPUT"，引脚 13 号设置为输出模式。

4）添加 While 循环。

a）如图 2-19 所示，右击后面板程序框图的空白处，在弹出的控件选板中，选择"Structrues"结构模板中的"While"循环控件。

b）移动鼠标到适当位置单击，确定起点，移动鼠标，确定终点，单击，拉出一个矩形框，添加一个 While 循环（见图 2-20）。

5）右击"While"循环的停止条件端，在弹出菜单中选择执行"创建常量"命令，创建逻辑常量 F。

6）添加数字量写 VI。

a）右击后面板程序设计框图空白处，弹出控件选择面板。

b）点击选择附加工具包中的 Arduino 控件模板。

c）在弹出的模板中，点击数字量写 VI。

d）移动鼠标在后面板程序设计框图空白的适当位置点击，添加数字量写 VI。

7）数字输入控件 Pin 添加连线到数字量写 VI 的 Pin 端。

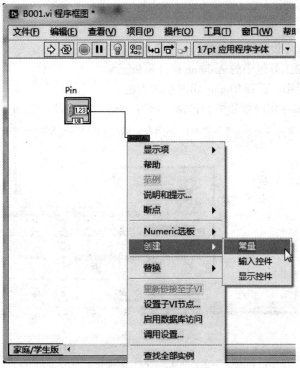

图 2-18 创建枚举常量

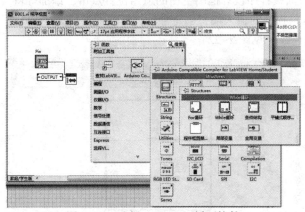

图 2-19 选择"While"循环控件

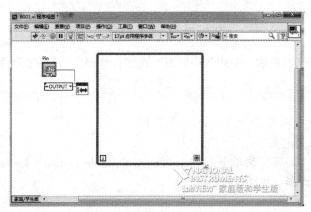

图 2-20 添加"While"循环

8) 在数字量写 VI 的 "state" 状态端，创建逻辑常量，修改逻辑常量值为 "T"。

9) 添加等待（ms）控件

a) 右击后面板程序设计框图空白处，弹出控件选择面板。

b) 点击选择附加工具包中的 Arduino 控件模板。

c) 在弹出的模板中，选择 Timing 定时模块点击。

d) 在弹出的 Timing 定时模块中，选择 "等待（ms）" 控件（见图 2-21）。

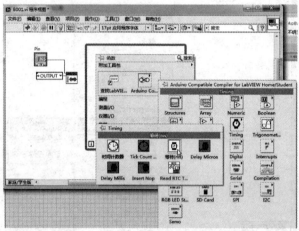

图 2-21 选择 "等待（ms）" 控件

e) 移动鼠标在后面板程序设计框图空白的适当位置点击，添加等待（ms）控件。

10) 在等待（ms）控件的输入端，创建常量，修改常量值为 "100"。

11) 添加错误簇连线（见图 2-22）。

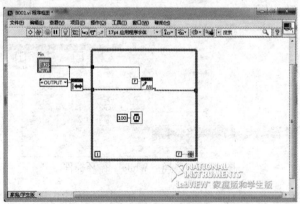

图 2-22 添加错误簇连线

12) 单击后面板工具栏的 "整理程序框图" 按钮，整理后的程序框图如图 2-23 所示。

13) 保存文件。

（7）下载调试。

1) Arduino UNO 板通过 USB 线与 PC 电脑连接。

2) 打开 Arduino 编译器。

a) 单击后面板 "工具" 菜单下的 "Arduino Compatible Compiler for LabVIEW" 子菜单命令，启动 Arduino 编译器（见图 2-24）。

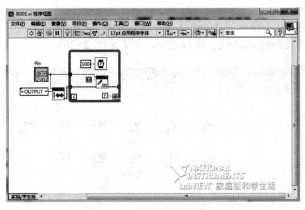

图 2-23 整理后的程序框图

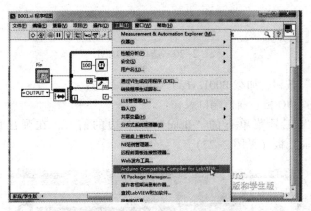

图 2-24 启动 Arduino 编译器

b）启动 Arduino Compatible Compiler for LabVIEW 软件（简称 Arduino 编译器），启动后的 Arduino 编译器如图 2-25 所示。

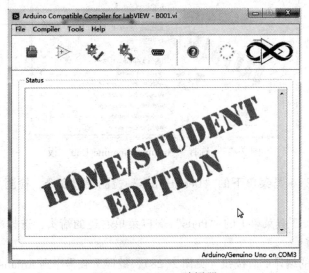

图 2-25 Arduino 编译器

3）加载 B001. vi。

a）单击执行 "File" 文件菜单下的 "Load VI" 加载 VI 菜单命令。

b）弹出选择文件或路径对话框，选择 B001. vi（见图 2-26）。

图 2-26　选择 B001. vi

c）单击 "确定" 按钮，加载 B001. vi 到 Arduino 编译器。

4）选择 Arduino UNO 板、通信端口。

a）单击 "Tool" 工具菜单下的 "Boad" 板右边的箭头，在弹出的板选择中，选择 "Arduino/Genuino Uno" 板（见图 2-27）。

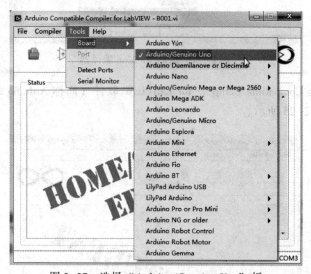

图 2-27　选择 "Arduino/Genuino Uno" 板

b）单击 "Tool" 工具菜单下的 "Detect Ports" 检测端口命令，检测 Arduino 硬件连接的端口。

c）单击 "Tool" 工具菜单下的 "Ports" 端口菜单右边的箭头，选择端口 COM3（根据硬件连接实际端口选择）。

5）单击工具栏的编译下载按钮（见图 2-28），编译下载程序到 Arduino 硬件。

（8）编译下载完成后的画面如图 2-29 所示。

图 2-28　编译下载按钮

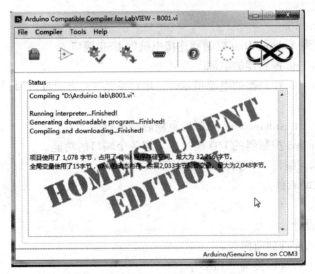

图 2-29　编译下载完成后的画面

（9）观察 Arduino 硬件板上 LED 指示灯状态，已经被点亮。

五、LED 闪烁控制程序（见图 2-30）

 **技能训练**

一、训练目标

（1）了解 Arduino 硬件。

（2）了解 Arduino 软件。

（3）学会编辑、编译、下载调试 LED 闪烁程序。

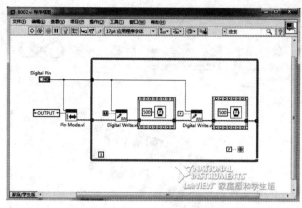

图 2-30　LED 闪烁控制程序

二、训练步骤与内容

（1）上网搜索 Arduino 硬件，查看有关 Arduino 硬件的相关文件，了解 Arduino 硬件的发展现状及未来趋势。

（2）认识 Arduino Uno。

1）通过 USB 线将 Arduino Uno 控制器连接电脑的 USB 接口。

2）查看 Arduino Uno 控制器的电源。

3）查看 Arduino Uno 控制器的电源指示灯、串口发送 TX 指示灯、串口接收指示灯、13 号引脚 LED 指示灯。

4）按下复位键，让 Arduino Uno 控制器重新启动运行。

5）查看 Arduino Uno 控制器的 I/O 端口，了解各个端口的功能。

（3）设计、编辑、编译、下载调试 LED 闪烁程序。

1）启动 LabVIEW 软件。

2）新建一个 VI。

3）前面板控件设计。

a）添加数字输入控件到前面板。

b）设置数字输入控件标签为"PIN"。

c）修改数字输入控件文本内容为"13"。

d）将数字输入控件当前值设置为默认值。

e）将文件另存为"B002. vi"。

4）设计后面板程序框图。

a）添加 1 个引脚模式 vi 控件。

b）添加 1 个 While 循环。

c）添加 2 个数字写控件。

d）添加 2 个等待（ms）控件。

e）根据图 2-30 编辑程序。

f）单击"File"文件菜单下的全部保存命令，保存文件。

5）下载调试。

a）连接 Arduino 硬件。

b）启动 Arduino 编译器。

c）加载 B002. vi 文件。

d）选择 Arduino 硬件类型。

e）选择 Arduino 硬件端口。

f）单击工具栏的编译下载按钮，编译下载程序。

g）观察编译结果，观察 Arduino 硬件板 LED 状态变化。

任务 4　Arduino 数字输入控制

 基础知识

一、基本程序结构

程序结构是编程语言的重要组成部分，是程序流程控制的节点，直接关系到程序的质量和执行效率。

LabVIEW 提供了多种图形化的程序结构来控制程序的流程，主要包括循环结构、分支选择结构、顺序结构等。在流程控制中，通过 FOR 循环、While 循环控制程序的循环执行，通过顺序结构控制程序的执行过程。

在 LabVIEW 中，程序结构是一个大小可调的矩形框，在矩形框内编写该结构的控制的图形代码，不同的程序结构可以通过连线进行数据交换。

LabVIEW 的程序结构控件如图 2-31 所示。

图 2-31　程序结构控件

1. FOR 循环

FOR 循环位于函数选板下的结构子选板中，如图 2-32 所示，一个完整的 FOR 循环包括两个端口：循环次数端口 N、循环计数端口 i。

循环次数端口 N 相当于 C 语言 FOR 循环中的 N，在程序运行前必须赋值。通常赋值整数，若将非整数赋值给该端口，FOR 循环自动将其转换为整型数据。

循环计数端口 i 相当于 C 语言 FOR 循环中的 i，初始值为 0，每次循环递增 1。与 C 语言不同的是，LabVIEW 循环端口的初始值和步长是固定的，若要用到不同的步长和初始值，可对循环端口产生的数据进行一定的数据运算，也可使用移位寄存器实现。

（1）建立 FOR 循环的步骤。

1）放置 FOR 循环框。在函数选板下的结构子选板上单击"FOR 循环"结构，移动鼠标在合适位置单击，确定"FOR 循环"结构的左上角，拖动鼠标向下角移动，拉出一个矩形框，

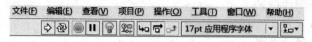

图 2-32　FOR 循环

再单击，确定矩形框的大小，放置一个"FOR 循环"结构。

放置"FOR 循环"结构后，将鼠标移动到"FOR 循环"结构的边框上，出现多个小方块，鼠标按住小方块拖动，可以调整矩形框的大小。

2）添加循环程序。在循环框内添加循环程序对象，并使所有对象都在框内，否则不被视为循环程序。

3）设置循环次数。设置循环次数有直接设置和间接设置两种。直接设置就是直接给循环次数 N 端口赋值来设置循环次数，即直接在端口 N 上单击右键，在弹出的级联菜单中选择执行"创建变量"命令，在该变量控件中输入数值常量。循环次数为整型量，如果输入的是非整数，则将其转换为最接近的整型数值。间接设置则是利用循环结构的自动索引功能来控制循环次数。

（2）移位寄存器。为了实现 FOR 循环的各种功能，在 FOR 循环中添加移位寄存器。方法是：右击框架，在弹出的级联菜单中选择执行"添加移位寄存器"命令，在 FOR 循环框架的左侧、右侧框架上添加了移位寄存器。

在 FOR 循环中可以添加多个左侧移位寄存器。

移位寄存器的功能是将 i-1，i-2，i-3，…次的循环计算的结果保存在 FOR 循环的缓冲区，在第 i 次循环时将这些数据从左侧的移位寄存器送出，供循环框架内的节点使用，左侧第一个移位寄存器送出的是 i-1 循环存储的数据，左侧第二个移位寄存器送出的是 i-2 循环存储的数据，左侧第三个移位寄存器送出的是 i-3 循环存储的数据，依次类推，数据在移位寄存器中流动。

当 FOR 循环在执行第 0 次循环时，FOR 循环缓冲区没有数据，所以在使用 FOR 循环时，必须根据需要对左侧的移位寄存器进行初始化，否则，左侧的移位寄存器初始化值为默认值 0。

连至右侧移位寄存器的数据类型必须与左侧移位寄存器数据类型一致，均为数值型或者布尔型。

（3）FOR 循环的框架通道。FOR 循环的框架通道是 FOR 循环与循环外部交换数据的通道，它的功能是在 FOR 循环开始运行前，将循环外其他节点产生的数据送至循环内，供循环框架内的节点使用，还可将循环结束时框架内节点的数据送到框架外，供循环外其他节点使用。使用连线工具将数据连线从循环框架内直接拖至框架外，或者从循环框架外直接拖至框架内，LabVIEW 自动生成一个框架通道，框架通道具有两种属性，即有索引和无索引。

2. While 循环

While 循环位于函数选板下的结构子选板中，如图 2-33 所示，一个完整的 While 循环包括两个端口：条件端口、循环计数端口 i。

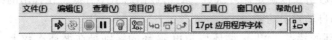

图 2-33　While 循环

条件端口相当于 C 语言 While 循环中的条件参数，控制循环是否执行。每次循环结束，条件端口检测连接在条件端口的布尔值，条件端口的默认值是假，如果条件端口的值是假，那么执行下一次循环，直到条件端口值为真时循环结束。通过右击条件端口，在弹出的级联菜单中选择执行"真移（T）时继续"命令，使条件端口值为真时继续执行，为假时停止。

循环计数端口 i 相当于 C 语言 While 循环中的循环计数参数 i，初始值为 0，每次循环递增 1。与 C 语言不同的是，LabVIEW 循环端口的初始值和步长是固定的，若要用到不同的步长和初始值，可对循环端口产生的数据进行一定的数据运算，也可使用移位寄存器实现。

（1）建立 While 循环的步骤。

1）放置 While 循环框。在函数选板下的结构子选板上单击"While 循环"结构，移动鼠标在合适位置单击，确定"While 循环"结构的左上角，拖动鼠标向下角移动，拉出一个矩形框，再单击鼠标左键，确定矩形框的大小，放置一个"While 循环"结构。

放置"While 循环"结构后，将鼠标移动到"While 循环"结构的边框上，出现多个小方块，鼠标按住小方块拖动，可以调整矩形框的大小。

2）添加 While 循环程序。在循环框内添加 While 循环程序对象，并使所有对象都在框内，否则不被视为循环程序。

3）设置循环条件判断方式。设置循环条件判断方法是右击条件端口，在弹出的级联菜单中选择执行"真（T）时继续"或"真（T）时停止"命令，使条件端口值为真时继续执行，或者条件端口值为真（T）时停止。在弹出的级联菜单中选择执行"创建输入控件"命令，添加一个控件来控制条件输入端，此时，前面板自动出现一个控制按钮，用来进行判断条件的控制。

（2）While 循环的框架通道。While 循环的框架通道是 While 循环与循环外部交换数据的通道，它的功能是在 While 循环开始运行前，将循环外其他节点产生的数据送至循环内，供循环框架内的节点使用，还可将循环结束时框架内节点的数据送到框架外，供循环外其他节点使用。使用连线工具将数据连线从循环框架内直接拖至框架外，或者从循环框架外直接拖至框架内，LabVIEW 自动生成一个框架通道，框架通道具有两种属性，即有索引和无索引。

在执行循环过程中，循环结构内的数据是独立的，即输入循环结构中的数据在进入循环之前完成，进入循环结构后不再输入数据；而循环结构的输出数据是在循环执行结束后进行的，循环执行过程中不输出数据。

当循环结构外部和数值连接时，在数据通道可以选择自动索引功能。自动索引自动计算数组的长度，并根据数组长度确定循环次数。右击数据通道小方框，在弹出的级联菜单中选择执行功能，即可启动自动索引功能。

（3）While 循环的特点。While 循环与 FOR 循环的区别是在循环次数上。FOR 循环在使用前预先指定循环次数，循环体运行的设定的次数后，自动退出循环。

While 循环无须指定循环次数，循环次数未定，只有满足循环退出条件才退出循环，如无法退出循环，则循环进入死循环。

While 循环是由条件端口来控制的，如果连接到端口的是一个布尔常量，其值为假，该值在循环过程中是不变的，对于为真（T）时停止的 While 循环，是不断运行的。若编程时出现错误，将导致 While 循环出现死循环。

为避免这种情况发生，通常在前面板上设置一个停止按钮，停止按钮控件在程序框图中与逻辑控制条件相与后再连接条件输入端的，当程序运行异常时，按下此按钮，强制程序停止，待程序调试完成后，再删除按钮控件。

3. 顺序结构

顺序结构包括一个或多个顺序执行的子程序框图或帧，程序用帧结构来控制程序的执行顺序，依次顺序执行各帧程序。顺序结构包括层叠式顺序结构和平铺式顺序结构两种。

（1）层叠式顺序结构。层叠式顺序结构位于"函数选板"下的"结构"子选板下的"层叠式顺序"控件选板中（见图 2-34）。

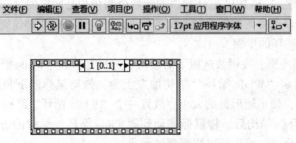

图 2-34　层叠式顺序结构

1）层叠式顺序结构的帧操作。新建的层叠式顺序结构只有一帧，通过右击"层叠式顺序"结构的边框，在弹出的级联菜单中选执行"在前面添加帧""在后面添加帧""复制帧"或者"删除帧"命令，可以进行在帧的前、后增加帧，复制或删除帧。

2）层叠式顺序结构中的局部变量。层叠式顺序结构帧之间是不能直接传送数据的，要借助局部变量在帧之间传递数据。

在弹出的级联菜单中选择执行"添加顺序局部变量"，在顺序结构边框上出现一个小方块（所有帧同一位置均有），表示添加一个局部变量。小方块可以沿边框四周移动，颜色随数据类型变化。要删除局部变量，右击小方块，在弹出的级联菜单中选择执行"删除"命令，可以删除一个局部变量。

（2）平铺式顺序结构。平铺式顺序结构位于"函数选板"下的"结构"子选板下的"平铺式顺序"控件选板中。

平铺式顺序结构与层叠式顺序结构不同的是结构中的所有帧按顺序平铺展开（见图 2-35）。

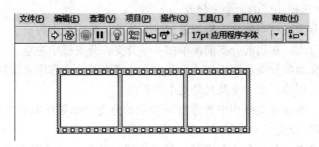

图 2-35 平铺式顺序结构

1）平铺式顺序结构的帧操作。新建的层叠式顺序结构只有一帧，通过右击"层叠式顺序"结构的边框，在弹出的级联菜单中选执行"在后面添加帧""在前面添加帧""插入帧""合并帧"或者"删除本帧"命令，可以进行在帧的前、后增加帧，或删除帧。

2）平铺式顺序结构中的数据传送。平铺式顺序结构中的数据通过连线直接传送，不需要使用局部变量。数据在穿越帧过程边框时，在边框上产生小方块，表示数据通道。

（3）顺序结构之间的转换。平铺式顺序结构与层叠式顺序结构功能相同，相互之间可以转换。在平铺式顺序结构或层叠式顺序结构的边框上单击右键，选择执行级联菜单中的"替换为层叠式顺序""替换为平铺式顺序"结构命令，可以进行顺序结构的转换。

二、特殊程序结构

1. 条件结构

条件结构类似文本编辑语言中 Case 结构、Switch 语句或 If else 结构，位于"函数选板"下的"结构"子选板下的"条件结构"控件选板中。

条件结构包括条件输入端口、条件标识和程序代码区（见图 2-36）。

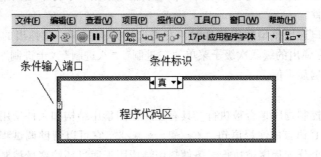

图 2-36 条件结构

条件结构包括多个子程序结构框图，条件输入端口决定执行哪一个子程序框图程序。条件输入值可以是整型数据、字符串型数据、布尔型数据或者枚举型数据，默认情况是布尔型数据。

选择条件标识位于条件结构的顶端，由结构中各个条件分支对应的选择条件值名称及两边的递减、递增箭头组成，用于添加、删除、选择浏览不同的分支。

代码区用于编辑各个条件分支对应的图形代码程序。

（1）条件结构分支的设置。在新建的条件结构框时，默认为只有真、假的布尔型分支结构，分支的标签只有"真""假"。当需要更多的选择分支时，可以右击选择条件分支标识，在弹出的级联菜单中选择相应的命令来修改。

1）在后面添加分支。在当前分支后面添加一个分支，分支框中为空。

2）在前面添加分支。在当前分支前面添加一个分支，分支框中为空。

3）复制分支。在当前分支后面添加一个分支，并将当前分支程序复制到新分支。

4）删除本分支。删除当前分支及其分支中的程序。

5）删除空分支。删除分支结构中程序框图为空的分支。如果所有分支均为空，则自动保留默认的"真""假"分支。

6）显示分支。单击"显示分支"菜单，显示次级子菜单，从子菜单中选择要显示的分支进行显示。它的作用与单击条件标识上"▼"下拉箭头弹出要显示分支，从中选择要显示的分支进行显示作用相同。

7）交换分支程序框图。单击"交换分支程序框图"菜单，显示次级子菜单，从子菜单中选择要交换的分支，将当前分支的程序框图和选中的分支程序中的程序框图进行互换，并跳转到选中的分支。

8）重排分支。单击"重排分支"菜单命令，打开"重排分支"对话框，在分支列表中选择一个分支，拖曳到新位置，改变分支的顺序。在分支选择器全名中可以改变分支名称或条件。

9）本分支设置为默认分支。单击执行"本分支设置为默认分支"菜单命令，将当前分支设置为默认分支。

10）单击递减、递增箭头可以浏览各个分支程序框图。

（2）条件分支输入端的设置。条件输入端口决定执行哪一个子程序框图程序。条件输入值可以是整型数据、字符串型数据、布尔型数据或者枚举型数据，默认情况是布尔型数据。根据分支标识的不同，条件输入端口可以连接不同的数据类型，当分支结构中只有两个分支时，连接布尔型控件；当分支是多分支选择结构时，连接整型数据、字符串数据、布尔型数据或者枚举型数据输入控件。

当条件输入端口连接整型数据控件时，右击选择分支标识，在弹出的级联菜单中，选择"基数"子菜单，在弹出的级联次级子菜单"二进制""八进制""十进制""十六进制"中选择即可进行交换数据显示值。

2. 禁用结构

禁用结构用于控制程序是否被执行。具有程序框图禁用结构和条件禁用结构两种。程序框图禁用结构类似于C语言的注释语句"/* * * * */"，它可以帮助调试程序，可以添加、删除程序分支，使一个分支程序被执行。条件禁用结构用于通过环境变量控制程序是否执行，在条件结构中，可以通过右键菜单添加、删除子程序分支。

（1）程序框图禁用结构。程序框图禁用结构用于禁用一部分程序，屏蔽部分程序，仅有启用的子程序框图可以使用。

操作方法是：在程序框图界面，单击右键，单击选择函数选板中的"结构"子选板下的"程序框图禁用结构"，移动鼠标框选需要禁用的部分程序，该段程序被禁用。

将程序框图禁用结构创建在部分程序上，该段程序就被禁用了。程序运行时也不会执行这段程序，如果想要运行这段程序，只要在程序框图禁用的边框上单击右键，在弹出级联菜单中选择执行"启用本子程序框图…"即可。

（2）条件禁用结构。条件禁用结构用于通过外部环境变量控制程序是否执行。创建条件禁用结构的步骤：

1）启动 LabVIEW 程序。

2）在 LabVIEW 中创建一个项目，命名为"使能结构"。

3）在项目上单击右键，在弹出的级联菜单中选择执行"属性"命令，打开项目属性对话框。

4）单击"条件禁用符号"，在符号栏输入"E"，在值栏输入"TRUE"，单击"添加"按钮，添加条件禁用符号 E 和值，即创建外部环境变量 E。用同样的方法创建条件禁用符号 D 和值 FALSE，创建外部环境变量 D，单击"确定"按钮，关闭项目属性对话框。

三、数字输入读控件

1. 数字量读（见图 2-37）

Digital Read VI（数字量读 VI）从指定的数字引脚 pin，读取其状态：高电平（True）或低电平（False）。

图 2-37　数字量读

pin 定义 Arduino 板从哪个数字引脚读取，数据类型是 U8。

state 读取数字引脚的状态（低电平或高电平），数据类型是布尔型。

2. 数字量端口读（见图 2-38）

Digital Read Port VI（数字量端口读 VI）从指定引脚所属端口读数，返回 8 位 U8 类型数据，这些均可作为输入 pin 引脚。详情可参照 Arduino 文档和原理图示。例如，如果监测到 Arduino 板 PORTB.2 的状态，读取的 8 位数值即是 PORTB 口返回的数值。

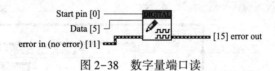

图 2-38　数字量端口读

注：在使用此 VI 之前，必须使用 Pin Mode.vi 事先设定每个分立引脚的方向。

pin 定义 Arduino 板从哪个数字引脚读取，数据类型是 U8。

Data 引脚对应的 8 位端口数据，只是数据更新只从引脚 Start Pin 开始，数据类型是 U8。

四、用开关控制 LED

1. 按键控制 LED 灯程序

控制要求：按下 Arduino 控制板 6 号引脚连接的 KEY1 键，则 13 号引脚连接的 LED1 亮，松开 KEY1 键，则 LED1 灭。

2. 控制程序

（1）松开 KEY1 键的控制程序（见图 2-39）。硬件电路采用按键接地的电路，松开 KEY1 键时，对应输入端为高电平，输入读控件读到的结果为真（T），通过条件为真的控制程序，输出控件控制输出为 F（低电平），LED1 灯熄灭。

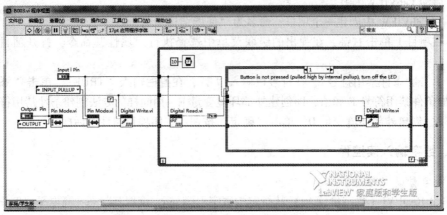

图 2-39　松开 KEY1 键的控制程序

注意：在数字读控件的输出端与条件控制输入端之间连接布尔值转数值控件，否则编译会出错。

（2）按下 KEY1 键的控制程序（见图 2-40）。硬件电路采用按键接地的电路，按下 KEY1键时，对应输入端为低电平，输入读控件读到的结果为假（F），通过条件为假的控制程序，通过延时防抖，再次读输入端状态，再次为假（F），在数字读控件的输出端与条件控制输入端之间连接布尔值转数值控件，控制内部的条件控制结构，在输出为假的控制结构内，输出控件控制输出为 T（高电平），LED1 灯亮。在输出为真的控制结构内，直接将错误簇输入连接到输出。

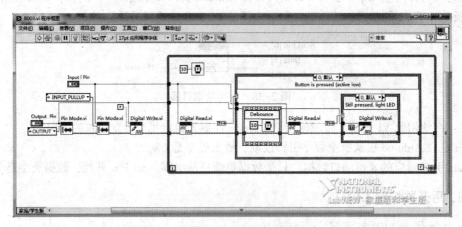

图 2-40　按下 KEY1 键的控制程序

 技能训练

一、训练目标

（1）了解程序结构。

（2）了解数字量输入控件。

（3）学会用按键控制 LED 灯。

二、训练步骤与内容

（1）硬件电路连接。

1）按键 KEY1 连接 Arduino Uno 控制器的 6 号引脚和接地端 GND，6 号引脚与+5V 电源端连接 10kΩ 电阻，13 号引脚连接 LED 指示灯。

2）通过 USB 线将 Arduino Uno 控制器连接电脑的 USB 接口。

（2）设计、编辑、编译、下载调试用开关控制 LED 灯程序。

1）启动 LabVIEW 软件。

2）新建一个 VI。

3）前面板控件设计。

a）添加 2 个数字输入控件到前面板。

b）设置数字输入控件 1 标签为"INPUT PIN"。

c）修改数字输入控件 1 文本内容为"6"，将数字输入控件 1 当前值设置为默认值。

d）设置数字输入控件 2 标签为"OUTPUT PIN"。

e）修改数字输入控件 2 文本内容为"13"，将数字输入控件 2 当前值设置为默认值。

f）将文件另存为"B003.vi"。

4）设计后面板程序框图。

a）添加两个引脚模式 vi 控件。

b）一个引脚模式 vi 控件输入端与数字输入控件 1 连接。

c）在引脚模式 vi 控件的"direction"方向输入端创建枚举变量，设置枚举变量值为"INPUT_ PULLUP"输入带上拉。

d）另一个引脚模式 vi 控件输入端与数字输入控件 2 连接。

e）在引脚模式 vi 控件的"direction"方向输入端创建枚举变量，设置枚举变量值为"OUTPUT"输出。

f）添加 1 个数字写控件。

g）在数字写控件输入端创建布尔假 F 变量。

h）添加 1 个 While 循环。

i）在 While 循环添内内添加等待延时 ms 控件。

j）在 While 循环添内内添加 1 个数字读控件。

k）在 While 循环添内内添加 1 个条件结构 1。

l）在数字读控件的输出端与条件控制输入端之间连接布尔值转数值控件。

m）在条件结构 1 的条件为 F（假）内添加 1 个数字读控件。

n）在条件结构 1 的条件为 F（假）内添加 1 个条件结构 2。

o）在数字读控件的输出端与条件结构 2 的条件控制输入端之间连接布尔值转数值控件。

p）在条件结构 2 的条件为 F（假）内添加 1 个数字写控件。

q）编辑完成按键松开的控制程序。

r）编辑完成按键按下的控制程序。

s）单击"File"文件菜单下的全部保存命令，保存文件。

5）下载调试。

a）连接 Arduino 硬件，启动 Arduino 编译器。

b）加载 B003.vi 文件。

c）选择 Arduino 硬件类型，选择 Arduino 硬件端口。

d）单击工具栏的编译下载按钮，编译下载程序。

e）观察编译结果，观察 Arduino 硬件板 LED 状态变化。

f）按键按下，观察 Arduino 硬件板 LED 状态变化。

g）按键松开，观察 Arduino 硬件板 LED 状态变化。

任务 5 简易电子琴

 基础知识

一、发声基础

1. Arduino LabVIEW 的音频选板（见图 2-41）

在 Arduino 板上通过一数字输出引脚来产生音频，VI 选板上有开始和停止音频 API VI，音频是由特定的频率方波产生（50% 的占空比），目前不支持 Arduino Due 板子。Tone Start. vi 使用了 PWM 引脚 3 和 11（Mega 板除外），31Hz 以下频率不能产生音频。

2. 音频开始（见图 2-42）

Tone Start VI 音频开始 VI，在 pin 引脚产生一个 Frequency（Hz）频率（50% 占空比）的方波，指定 Duration（ms）周期，如果没有连线或设置为 0，音频持续直到调用 Tone Stop. vi 才停止。此引脚可连到蜂鸣器或其他扬声器来播放，一个时刻只能产生一个音频。如果另有引脚正在产生音频，再次调用 Tone Start. vi 是没效果的。如果此引脚正在播放音频，再次调用 Tone Start. vi 将设置更改频率。这个 VI 不支持 Arduino Due 板子。

图 2-41 音频选板

注：如果要在多个引脚上播放，需要在接下来的引脚上调用 Tone Start. vi 前，先在此引脚上调用 Tone Stop. vi。

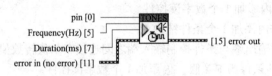

图 2-42 音频开始

pin 定义音频产生的数字引脚。

Frequency（Hz）定义发出音频信号引脚的频率。

Duration（ms）定义音频周期，单位 ms。为 0，代表没定义，音频持续直到调用 Tone Stop. vi 才停止。

error in，错误信息输入。

error out，错误信息输出。

3. 音频停止（见图 2-43）

Tone Stop VI 音频停止 VI，停止在 Tone Start.vi 上指定的引脚 pin 触发方波，不再产生音频。该项功能目前不支持 Arduino Due 板子。注：如果要在多个引脚上播放，需要在接下来的引脚上调用 Tone Start.vi 前，先在此引脚上调用 Tone Stop.vi。

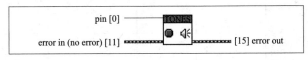

图 2-43　音频停止

pin 定义音频产生的数字引脚。

4. 蜂鸣器

蜂鸣器模块是一种一体化结构的电子讯响器，采用直流电压供电，广泛用于计算机、报警器和电子玩具等电子设备中。

蜂鸣器发声需要有外部振荡源，即一定频率的方波。不同频率的方波输入，会产生不同的音调。扬声器加不同频率的方波也可以产生不同的音调。

（1）按蜂鸣器驱动方式的不同，可分为有源蜂鸣器（内含驱动线路）和无源蜂鸣器（外部驱动）。

有源蜂鸣器高度为 9mm，而无源蜂鸣器的高度为 8mm，如将两种蜂鸣器的引脚部分朝上放置时，可以看出有绿色电路板的一种是无源蜂鸣器，没有电路板而用黑胶封闭的一种是有源蜂鸣器。进一步判断有源蜂鸣器和无源蜂鸣器，还可以用万用表电阻档 $R×1$ 挡测试。用黑表笔接蜂鸣器的"+"引脚，红表笔在另一引脚上来回碰触，如果发出咔、咔声的且电阻只有 8Ω（或 16Ω）的是无源蜂鸣器。如果能发出持续声音的，且电阻在几百欧以上的，是有源蜂鸣器。有源蜂鸣器直接接上额定电源（新的蜂鸣器在标签上都有注明）就可连续发声。而无源蜂鸣器则和电磁扬声器一样，需要接在音频输出电路中才能发声。

（2）按构造方式的不同，可分为电磁式蜂鸣器和压电式蜂鸣器。

压电式蜂鸣器主要由多谐振荡器、压电蜂鸣片、阻抗匹配器及共鸣箱、外壳等组成。有的压电式蜂鸣器外壳上还装有发光二极管，多谐振荡器由晶体管或集成电路构成。当接通电源后（1.5~15V 直流工作电压），多谐振荡器起振，输出 1.5~2.5kHz 的音频信号，阻抗匹配器推动压电蜂鸣片发声。电磁式蜂鸣器由振荡器、电磁线圈、磁铁、振动膜片及外壳等组成。接通电源后，振荡器产生的音频信号电流通过电磁线圈，使电磁线圈产生磁场。振动膜片在电磁线圈和磁铁的相互作用下，周期性振动发出声音。

二、简易电子琴

1. 简易电子电路（见图 2-44）

通过按下不同的按键，让蜂鸣器发出不同频率的声音。

2. 控制程序

（1）前面板控件设计（见图 2-45）。

1）前面板控件设计两个数字输入控件，分别表示 Arduino 硬件的按键输入起始引脚号和输出引脚号。

2）添加 1 个数组控件。

3）在数组控件内添加 1 个数值输入控件，拉动数组右边的定位符，使数组元素为 8 个。

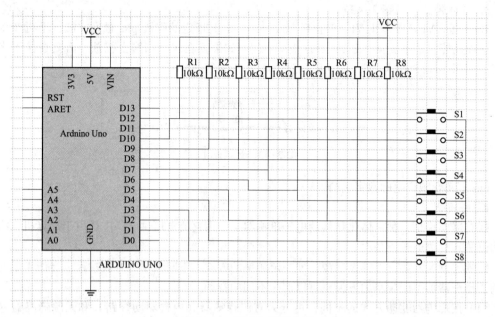

图 2-44　简易电子琴电路

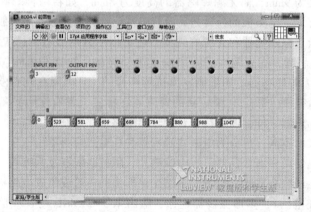

图 2-45　前面板控件设计

4）设置每个数组元素的数值为各个音符对应的频率值。

5）鼠标右击数组左边的索引，在弹出的菜单中，选择执行"数据操作"菜单下的"当前值设置为默认值"命令，将数组各个音符对应的频率值设置为默认值。

（2）后面板程序框图（见图 2-46）。

通过 for 循环和引脚模式 VI 等初始化引脚 3 至引脚 10 为输入，通过引脚模式 VI 设置引脚 12 为输出。

通过 While 循环检测被按下的按键，由按键检测输出的布尔数据组成一维数组，通过搜索数组，索引被按下的按键，通过索引数组索引被按下键对应的频率，通过音频开始 VI 输出按键对应的频率的信号，通过蜂鸣器发出声音。

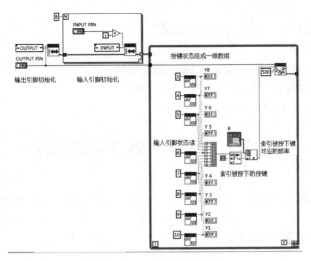

图 2-46 后面板程序框图

技能训练

一、训练目标

（1）了解音频 VI。

（2）了解蜂鸣器。

（3）学会制作简易电子琴。

二、训练步骤与内容

（1）硬件电路连接。

1）按图 2-44 连接电子琴电路。

2）通过 USB 线将 Arduino Uno 控制器连接电脑的 USB 接口。

（2）设计、编辑、编译、下载调试简易电子琴程序。

1）启动 LabVIEW 软件。

2）新建一个 VI。

3）前面板控件设计。

a）前面板控件设计两个数字输入控件，分别表示 Arduino 硬件的按键输入起始引脚号和输出引脚号。

b）设计 1 个常数矩阵，表示各个音符对应的频率值。

4）设计后面板程序框图。

a）通过 for 循环和引脚模式 VI 等初始化引脚 3 至引脚 10 为输入。

b）通过引脚模式 VI 设置引脚 12 为输出。

c）通过 While 循环检测被按下的按键。

d）由按键检测输出的布尔数据组成一维数组。

e）通过搜索数组，索引被按下的按键。

f）通过索引数组索引被按下键对应的频率。

g）通过音频开始 VI 输出按键对应的频率的信号，通过蜂鸣器发出声音。

5）下载调试。

a）连接 Arduino 硬件，启动 Arduino 编译器。

b）加载 B004. vi 文件。

c）选择 Arduino 硬件类型，选择 Arduino 硬件端口。

d）单击工具栏的编译下载按钮，编译下载程序。

e）按下不同按键，听蜂鸣器发出的音乐声。

任务 6　LED 数码管输出控制

 基础知识

一、LED 数码管硬件基础知识

1. LED 数码管工作原理

LED 数码管是一种半导体发光器件，也称半导体数码管，是将若干发光二极管按一定图形排列并封装在一起的最常用的数码管显示器件之一。LED 数码管具有发光显示清晰、响应速度快、省电、体积小、寿命长、耐冲击、易与各种驱动电路连接等优点，在各种数显仪器仪表、数字控制设备中得到广泛应用。

数码管按段数分为 7 段数码管和 8 段数码管，8 段数码管比 7 段数码管多了一个发光二极管单元（多一个小数点显示），按能显示多少个"8"可分为 1 位、2 位、3 位、4 位等。按连接方式分为共阳极数码管和共阴极数码管。共阳极数码管是指将 LED 数码管应用时将公共极 COM 接到 +5V，当某一字段发光二极管的阴极为低电平时，相应的字段就点亮。当某一字段的阴极为高电平时，相应字段就不亮。共阴极数码是指所有二极管的阴极接到一起，形成共阴极（COM）的数码管，共阴极数码管的 COM 接到地线 GND 上，当某一字段发光二极管的阳极为高电平时，相应的字段就点亮，当某一字段的阳极为低电平时，相应字段就不亮。

2. LED 数码管的结构特点

目前，常用的小型 LED 数码管多为 8 字形数码管，内部由 8 个发光二极管组成，其中 7 个发光二极管（a-g）作为 7 段笔画组成 8 字结构（故也称 7 段 LED 数码管），剩下的 1 个发光二极管（h 或 dp）组成小数点，如图 2-47 所示。每个发光二极管对应的正极或者负极分别作为独立引脚（称"笔段电极"），其引脚名称分别用 a、b、c、d、e、f、g、dp 表示。各发光数码管按照共阴极或共阳极的方法连接，即把数码管的所有发光二极管的负极或正极连接在一起，作为公共引脚。

二、用 Arduino 控制 LED 数码管

1. 控制电路

控制共阴极数码管，各个笔段分别连接 Arduino 的引脚 0~引脚 7（见图 2-48）。

2. 控制程序

（1）前面板控件对象设计。

1）添加 1 个一维数组，添加数据输入对象，修改对象属性，显示数据格式为十六进制。

2）增加数组元素至 10 个，更改各个对象数值，一维数组对象参数设置如图 2-49 所示。

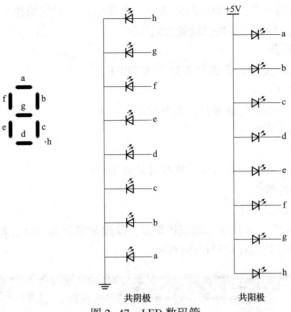

图 2-47　LED 数码管

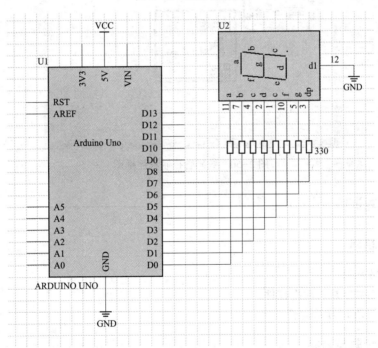

图 2-48　LED 数码管控制电路

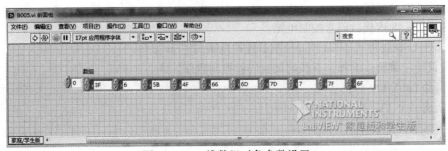

图 2-49　一维数组对象参数设置

3）右击数组左边的索引，在弹出的菜单中，选择执行"数据操作"菜单下的"当前值设置为默认值"命令，将数组元素数据设置为默认值。

（2）后面板程序设计。

1）添加引脚模式设置 VI，设置模式为"OUTPUT"。

2）添加 for 循环结构。

3）在循环控制输入端，创建常量，修改常量值为8。

4）添加 While 循环结构。

5）添加除法控件。

6）在除法控件输入端，创建常量，修改常量值为10。

7）添加数组索引控件。

8）添加数字端口输出控件。

9）添加延时 ms 控件，在其输入端创建常量，修改常量值为1000，即延时1000ms。

10）按图 2-50 连接数码管控制程序框图。

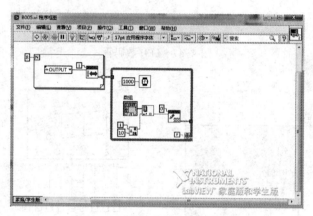

图 2-50　数码管控制程序框图

 技能训练

一、训练目标

（1）了解数码管。

（2）学会用数字端口输出控件。

（3）学会驱动 LED 数码管。

二、训练步骤与内容

（1）硬件电路连接。

1）按图 2-48 连接数码管控制电路。

2）通过 USB 线将 Arduino Uno 控制器连接电脑的 USB 接口。

（2）设计、编辑、编译、下载调试数码管控制程序。

1）启动 LabVIEW 软件。

2）新建一个 VI，另存为 B005. vi。

3）前面板控件设计。

a）添加 1 个一维数组，添加数据输入对象，修改对象属性，显示数据格式为十六进制。

b）增加数组元素至 10 个，更改各个对象数值，一维数组对象参数设置按图 2-49 设置。

c）右键单击数组左边的索引，将数组元素数据设置为默认值。

4）设计后面板程序框图。

a）添加引脚模式设置 VI，设置模式为"OUTPUT"。

b）添加 for 循环结构。

c）在循环控制输入端，创建常量，修改常量值为 8。

d）添加 While 循环结构。

e）添加除法控件。

f）在除法控件输入端，创建常量，修改常量值为 10。

g）添加数组索引控件。

h）添加数字端口输出控件。

i）添加延时 ms 控件，在其输入端创建常量，修改常量值为 1000，即延时 1000ms。

j）按图 2-50，连接数码管控制程序框图。

5）下编译、载调试。

a）连接 Arduino 硬件，启动 Arduino 编译器。

b）加载 B005.vi 文件。

c）选择 Arduino 硬件类型，选择 Arduino 硬件端口。

d）单击工具栏的编译下载按钮，编译、下载程序。

e）观察数码管的输出。

f）重新修改参数，编译下载程序，观察数码管的输出。

习题 2

1. 参考 LED 闪烁程序框图，设计 Arduino 控制器带 6 只 LED 组成的流水灯控制 VI，并下载到 Arduino 控制器调试。

2. 参考数码管控制程序框图，利用数组，设计 Arduino 控制器带 8 只共阳极 LED 组成的流水灯控制 VI，并下载到 Arduino 控制器调试。

3. 设计控制单只数码管循环显示 0~9、A~F 等 16 进制数的控制 VI，循环间隔 500ms，并下载到 Arduino 控制器调试。

4. 设计用于竞赛的 6 人抢答器，输出带声光显示。

5. 设计 4 位数码管显示控制程序，循环显示数字 0~1999，显示间隔时间 500ms，并下载到 Arduino 控制器调试。

项目三 Arduino模拟量控制

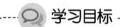

学习目标

（1）学会模拟输入控制。
（2）学会模拟输出控制。

任务7 Arduino 模拟输入控制

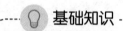

基础知识

一、模数转换与数模转换

1. 运算放大器

运算放大器，简称"运放"，是一种应用很广泛的线性集成电路，其种类繁多，在应用方面不但可对微弱信号进行放大，还可作为反相器、电压比较器、电压跟随器、积分器、微分器等，并可对信号做加、减运算，所以被称之为运算放大器，其符号表示如图3-1所示。

2. 负反馈

同相运算放大电路如图3-2所示，输入信号电压 U_i（ $=U_p$）加到运放的同相输入端"+"和地之间，输出电压 U_o 通过 R_1 和 R_2 的分压作用，得 $U_f = U_n = R_1 U_o/（R_1+R_2）$，作用于反相输入端"–"，所以 U_i 在此称为反馈电压。

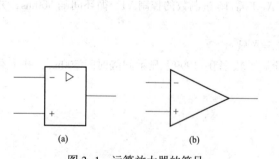

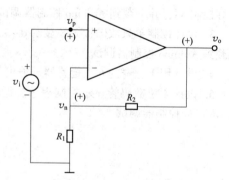

图 3-1 运算放大器的符号
（a）国家标准规定的符号；（b）国内外常用符号

图 3-2 同相运算放大电路

当输入信号电压 U_i 的瞬时电位变化极性如图中的（+）号所示，由于输入信号电压 U_i（U_p）加到同相端，输出电压 U_o 的极性与 U_i 相同。反相输入端的电压 U_n 为反馈电压，其极性亦为（+），而静输入电压 $U_{id} = U_i - U_f = U_p - U_n$ 比无反馈时减小了，即 U_n 抵消了 U_i 的一部分，使放大电路的输出电压 U_o 减小了，因而这时引入的反馈是负反馈。

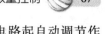

综上，负反馈作用是利用输出电压 U_o 通过反馈元件（R_1、R_2）对放大电路起自动调节作用，从而牵制了 U_o 的变化，最后达到输出稳定平衡。

3. 同相运算放大电路

提供正电压增益的运算放大电路称之为同相运算放大（见图 3-2）。在图 3-2 中，输出通过负反馈的作用，使 U_n 自动地跟踪 U_p，使 $U_p \approx U_n$，或 $U_{id} = U_p - U_n \approx 0$。这种现象称为虚假短路，简称虚短。

由于运放的输入电阻的阻值又很高，所以，运放两输入端的 $I_p = -I_n = (U_p - U_n) /R_i \approx 0$，这种现象称为虚断。

4. 反相运算放大电路

提供负电压增益的运算放大电路称之为反相运算放大（见图 3-3）。图 3-3 中，输入电压 U_i 通过 R_1 作用于运放的反相端，R_2 跨接在运放的输出端和反相端之间，同相端接地。由虚短的概念可知，$V_n \approx V_p = 0$，因此反相输入端的电位接近于地电位，故称虚地。虚地的存在是反相放大电路在闭环工作状态下的重要特征。

5. D/A 数模转换

数模转换即将数字量转换为模拟量（电压或电流），使输出的模拟电量与输入的数字量成正比。实现数模转换的电路称为数模转换器（Digital-Analog Converter），简称 D/A 或 DAC。

6. A/D 数模转换

模数转换是将模拟量（电压或电流）转换成数字量。这种模数转换的电路成为模数转换器（Analog-Digital Converter），简称 A/D 或 ADC。

二、模拟输入 VI

1. Arduino LabVIEW 的模拟量选板（见图 3-4）

Arduino LabVIEW 的模拟量选板包含的 APIs 是配置模拟量引脚、读写模拟量电压值。有些硬件没 DAC，模拟量写 VI 对应的引脚则是脉冲宽度调制（PWM）输出，有些硬件，像 Arduino Due 板，有真真切切的 DAC 模拟量输出引脚，相同的 API 就可输出模拟电压值。读写精度只能支持 Arduino Due 板件。

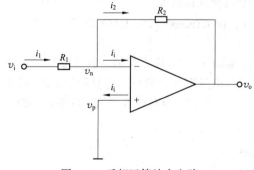

图 3-3　反相运算放大电路

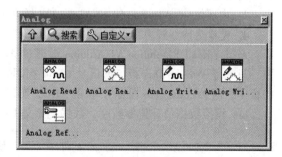

图 3-4　模拟量选板

2. 模拟量读（见图 3-5）

Analog Read VI 模拟量读 VI，从指定模拟量 pin 引脚读取数值，Arduino 板含有 6 个通道（Mini 和 Nano 板有 8 个通道，Mega 板有 16 个通道）10 位 ADC（模数转换器）。这意味着输入电压值 0~5V 将镜像映射成整型数字量 0~1023，即分辨率为 5V/1024 数字单元或 0.0049V（4.9mV）/单元。输入电压范围和分辨率可通过 Analog Reference.vi 来加以修改，读取一个模拟量通道输入值需要 100us（0.0001s）的时延，所以按最大采样率算是 10000 次/s（即 10kHz，10ksps）。

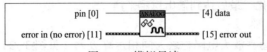

图 3-5　模拟量读

pin 定义了 Arduino 硬件板上的模拟输入读取引脚，数据类型是 U8。

error in 错误信息输入。

error out 错误信息输出。

3. 模拟量参考（见图 3-6）

Analog Reference VI 用于模拟输入引脚配置参考电压，标定测量范围，通过 Type 引脚设置参考电压（数据类型 U8）如下。

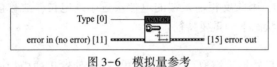

图 3-6　模拟量参考

（1）非 Mega 板。

0：外界输入-AREF 引脚供应的输入电压为参考值（0~5V）。

1：默认-根据板上单片机芯片不同有 5V 和 3.3V 两种默认电压。

3：内部供应-ATmega168 和 ATmeg328 板为 1.1V，而 ATmega8 板为 2.56V。

（2）Mega 板。

0：外界输入-AREF 引脚供应的输入电压为参考值（0~5V）。

1：默认-根据板上单片机芯片不同有 5V 和 3.3V 两种默认电压。

2：内部供应 1V1-1.1V 的参考电压。

3：内部供应 2V56-2.56V 的参考电压。

（3）Tiny 板。

0：外界输入-AREF 引脚供应的输入电压为参考值（0~5V）。

1：默认-根据板上单片机芯片不同有 5V 和 3.3V 两种默认电压。

2：内部供应-ATmega168 和 ATmeg328 板为 1.1V，而 ATmega8 板为 2.56V。

4. 模拟量读分辨率（见图 3-7）

Analog Read Resolution VI Arduino 板通过 Analog Read. vi 读取模拟量值，数值位数 bits 设定。只支持 Arduino Due 板，默认是 10 位（读取模拟量值范围 0~1023），它只用于 AVR 芯片的板子。而 Arduino Due 板有 12 位的 ADC，所以应该更改成 12，其读取模拟量值范围 0~4095。bits 模拟数据值分辨率精度，数据类型是 U8。

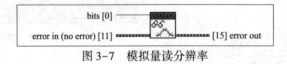

图 3-7　模拟量读分辨率

三、超限报警控制

1. 超限报警控制要求

监测模拟通道 0 的电压，达到 4V 时，给出声音和光的报警信号。

2. 超限报警控制程序

（1）前面板控件对象设计（见图3-8）。添加3个数字输入控件，分别表示上限A、蜂鸣器引脚号12、LED引脚号13。

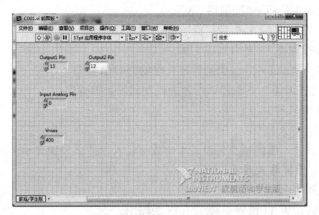

图3-8　前面板控件对象设计

（2）后面板程序设计（见图3-9）。

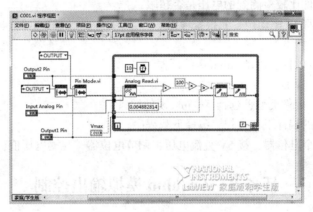

图3-9　后面板程序设计

1）通过引脚模式设置VI设置引脚12、13为输出。

2）通过While循环和模拟读VI对模拟量进行循环监测。

3）通过乘法控件对数据进行变换，关注小数点后2位。

4）通过比较控件比较检测到的电压是否超限。

5）通过数字量写VI驱动声、光报警输出。

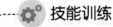 **技能训练**

一、训练目标

（1）了解模拟输入读VI。

（2）了解模拟输出写VI。

（3）学会制作超限报警器。

（4）学会模拟输出控制。

二、训练步骤与内容

（1）硬件电路连接。

1）模拟输入接 Arduino Uno 控制器 AN0。

2）Arduino Uno 控制器 12 号引脚接蜂鸣器。

3）Arduino Uno 控制器 13 号引脚接 LED。

4）通过 USB 线将 Arduino Uno 控制器连接电脑的 USB 接口。

（2）设计、编辑、编译、下载调试用开关控制超限报警程序。

1）启动 LabVIEW 软件。

2）新建一个 VI。

3）前面板控件设计。前面板控件设计 4 个数字输入控件，分别表示上限 A、蜂鸣器引脚号 12、LED 引脚号 13、模拟输入通道号 0。

4）设计后面板程序框图。

a）通过引脚模式设置 VI 设置引脚 12、13 为输出。

b）通过 While 循环和模拟读 VI 对模拟量进行循环监测。

c）通过乘法控件对数据进行变换，关注小数点后 2 位。

d）通过比较控件比较检测到的电压是否超限。

e）通过数字量写 VI 驱动声、光报警输出。

5）下载调试。

a）连接 Arduino 硬件，启动 Arduino 编译器。

b）加载 C001. vi 文件。

c）选择 Arduino 硬件类型，选择 Arduino 硬件端口。

d）单击工具栏的编译下载按钮，编译下载程序。

e）输入可接一个电位器，接 5V 直流电压，调节电位器，观测电压值，观测声光报警。

任务 8   Arduino 模拟输出控制

 基础知识

一、模拟输出控制

1. 模拟量写（见图 3-10）

Analog Write VI 指定引脚 pin 序号，写入一个 PWM Value 模拟量数值，可能用于驱动 LED 灯的亮度或电机的速度。当 Analog Write. vi 调用时，相关引脚按照给定的占空比输出稳定的方波，直到再次调用发生（或者对相同引脚进行数字读写操作 Digital Read. vi 或 Digital Write. vi）。大多数引脚 PWM 信号的频率大概是 490Hz，在 Arduino Uno 和类似简单板件上，引脚 5、6 的频率大概是 980Hz，Arduino Leonardo 板上 3、11 引脚频率是 980Hz。在大多数使用 ATmega168 或 ATmega328 的 Arduino 板，PWM 输出引脚是 3、5、6、9、10 和 11。Arduino Mega 的 PWM 输出引脚是 2~13 和 44~46。使用 ATmega8 的老式 Arduino 板，使用这个 VI 函数可驱动引脚 9、10 和 11。Arduino Due 板除了能驱动引脚 2 ~ 13，外加 DAC0 和 DAC1 引脚，不像 PWM 引脚，DAC0 和 DAC1 有模数转换器，是真切的模拟输出，不需要事先定义调用 Pin

Mode. vi，模拟写 VI 与模拟输入引脚和模拟读 VI 无关，Arduino Due 板有两个真切的 DAC，为了访问这些输出，使用引脚 66 对应 DAC0、67 对应 DAC1。

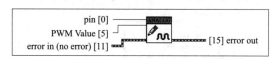

图 3-10　模拟量写

pin 定义 Arduino 板哪个模拟输出引脚，但是 Arduino Due 板，使用引脚 66 对应 DAC0、67 对应 DAC1，数据类型是 U8。

PWM Value 定义 PWM 数值写入模拟输出引脚，数据类型是 U8。

2. 模拟量写分辨率（见图 3-11）

Analog Write Resolution VI Arduino 板通过 Analog Write. vi 写输出模拟量值，数值位数 bits 设定。只支持 Arduino Due 板，默认是 8 位（写模拟量值范围 0~255），它只用于 AVR 芯片的板子。Arduino Due 板有 12 个引脚的 PWM 输出，默认也是 8 位，但其有两个 12 位分辨率精度的 DAC 输出脚，所以应该更改成 12，其写模拟量值范围 0~4095，如输入 PWM 值超限，不会产生回卷。

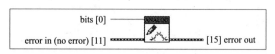

图 3-11　模拟量写分辨率

bits 模拟数据值分辨率精度，数据类型是 U8。

二、模拟输出 LED

1. 控制要求

通过模拟量写控制 LED 亮度的循环变化。

2. 前面板控件对象设计（见图 3-12）

添加 1 个数字输入控件，LED 引脚号 3。

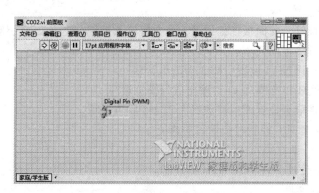

图 3-12　前面板控件对象设计

3. 后面板程序框图设计（见图 3-13）

（1）通过引脚模式设置 VI 设置引脚 3 为输出。

（2）通过 While 循环和模拟写 VI 对引脚 3 进行模拟量写。

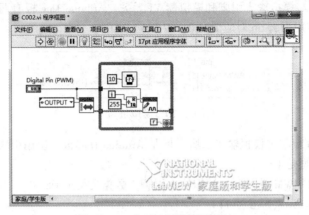

图 3-13　后面板程序框图设计

（3）通过除法控件取余，控制模拟量数据大于 255 后重复写。

（4）通过等待 ms 延时，控制模拟量写的速度。

 技能训练

一、训练目标

（1）了解模拟输出写 VI。

（2）学会模拟输出控制。

二、训练步骤与内容

（1）硬件电路连接。

1）Arduino Uno 控制器 3 引脚接 LED。

2）通过 USB 线将 Arduino Uno 控制器连接电脑的 USB 接口。

（2）设计、编辑、编译、下载调试用开关控制超限报警程序。

1）启动 LabVIEW 软件。

2）新建一个 VI。

3）前面板控件设计。前面板控件设计 1 个数字输入控件，定义 LED 引脚号 3。

4）设计后面板程序框图。

a）通过引脚模式设置 VI 设置引脚 3 为输出。

b）通过 While 循环和模拟写 VI 对输出进行模拟量写。

c）通过除法控件取余控制模拟量数据大于 255 后重复写。

d）通过等待 ms 延时，控制模拟量写的速度。

5）下载调试。

a）连接 Arduino 硬件，启动 Arduino 编译器。

b）加载 C002.vi 文件。

c）选择 Arduino 硬件类型，选择 Arduino 硬件端口。

d）单击工具栏的编译下载按钮，编译下载程序。

e）观测 LED 灯的亮度变化。

📖 习题3

1. 使用模拟输入端 AN1，重新设计控制程序，进行超限报警实验。
2. 重新设计程序，使连接在引脚 6 的 LED 灯逐渐点亮，然后逐渐变暗，如此循环。

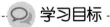

项目四 中断定时控制

（1）了解中断。

（2）学会外部中断控制。

（3）学会定时中断控制。

任务 9　Arduino 外部中断控制

基础知识

一、中断知识

1. 中断

对于单片机来讲，在程序的执行过程中，由于某种外界的原因，必须终止当行的程序而去执行相应的处理程序，待处理结束后再回来继续执行被终止的程序，这个过程叫中断。对于单片机来说，突发的事情实在太多了，例如用户通过按键给单片机输入数据时，这对单片机本身来说是无法估计的事情，这些外部来的突发信号一般就由单片机的外部中断来处理。外部中断其实就是一个由引脚的状态改变所引的中断。流程如图 4-1 所示。

2. 采用中断的优点

（1）实时控制。利用中断技术，各服务对象和功能模块可以根据需要，随时向 CPU 发出中断申请，并使 CPU 为其工作，以满足实时处理和控制需要。

（2）分时操作。提高 CPU 的效率，只有当服务对象或功能部件向单片机发出中断请求时，单片机才会转去为它服务。这样，利用中断功能，多个服务对象和部件就可以同时工作，从而提高了 CPU 的效率。

图 4-1　中断流程

（3）故障处理。单片机系统在运行过程中突然发生硬件故障、运算错误及程序故障等，可以通过中断系统及时向 CPU 发出请求中断，进而 CPU 转到响应的故障处理程序进行处理。

二、中断源和外部中断编号

1. 中断源

中断源是指能够向单片机发出中断请求信号的部件和设备，中断源又可以分为外部中断和内部中断。

单片机内部的定时器、串行接口、TWI、ADC 等功能模块都可以工作在中断模式下，在特定的条件下产生中断请求，这些位于单片机内部的中断源称为内部中断。外部设备也可以通过外部中断入口向 CPU 发出中断请求，这类中断称为外部中断源。

2. 外部中断编号

不同的 Arduino 控制器，外部中断引脚的位置也不同，只有中断信号发生在带有外部中断的引脚上，Arduino 才能捕获到该中断信号并做出响应。表 4-1 列出了 Arduino 常用型号控制板的中断引脚所对应的外部中断编号。

表 4-1 外部中断编号

Arduino 型号	int0	int1	int2	int3	int4	int5
UNO	2	3	—	—	—	—
MEGA	2	3	21	20	19	18
Leonardo	3	2	—	1	—	—
Due	所有引脚均可产生外部中断					

其中 int0、int1 等是外部中断编号。

3. 中断模式

外部中断可以定义为由中断引脚上的下降沿、上升沿、任意逻辑电平变化和低电平触发，外部设备触发外部中断的输入信号类型，通过设置中断模式，即设置中断触发方式。Arduino 控制器支持的四种中断触发方式见表 4-2。

表 4-2 中断触发方式

触发模式名称	触发方式
LOW（低电平）	低电平触发
CHANGE（电平变化）	电平变化触发，即低电平变高电平或高电平变低电平时触发
RISING（上升沿）	上升沿触发，即低电平变高电平
FALLING（下降沿）	下降沿，即高电平变低电平

三、中断 VI

1. Arduino LabVIEW 的中断选板（见图 4-2）

Arduino LabVIEW 的中断选板 VI 提供了允许、禁止中断的一种办法，当特定中断触发，允许调用回调 VI 函数，主 VI 与回调（中断）VI 之间的数据共享是使用全局变量来实现的。请参照例程示范如何实现，比如，数字输入引脚的变化触发中断回调 VI 函数的运行。

图 4-2 中断选板

2. 启用中断（见图4-3）

Enable Interrupts VI 启用中断 VI，如中断设置成禁止，可被唤醒使能，中断允许后台重要任务执行，中断禁止后则不触发其动作，中断处理器函数不执行。中断处理过程可能稍微打断下正常的代码执行顺序，也可能导致屏蔽了某些关键代码。

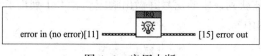

图4-3　启用中断

error in 错误信息输入。

error out 错误信息输出。

3. 禁止中断（见图4-4）

Disable Interrupts VI 禁止中断 VI，用于禁止中断运行。

图4-4　禁止中断

4. 中断配置（见图4-5）

Attach Interrupt VI 当指定的 Interrupt（中断）发生时，通过 VI Reference（VI 引用）来回调 VI，Mode（模式）代表中断发生时指定引脚传输模式，这样就取代了连接到中断的任何先前的 VI。大多数的 Arduino 板有两个外部中断：数字 0（数字引脚 2）和 1（数字引脚 3）。

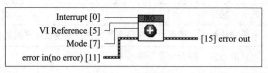

图4-5　中断配置

注：回调 VI 中断对任何延时 VI 均不支持，使用 Tick Count vis 也不会执行加 1 动作，如加以使用的话，函数中接收的串行数据将会丢失。与回调 VI 的数据交互，必须使用全局变量。

Interrupt 定义了单片机的中断序数，数据类型是 U8。

VI Reference 中断发生时回调 VI 的引用。

Mode 定义了中断触发的模式，数据类型是枚举类型，选项定义如下。LOW：低电平触发中断。CHANGE：引脚电平变化触发中断。RISING：引脚由低到高电平变化触发中断。FALL-ING：当引脚由高向低电平变化触发中断。只有 Due 板才允许：高电平触发中断。

5. 关闭中断（见图4-6）

Detach Interrupt VI 关闭给定中断。

Interrupt 定义了单片机的中断序数，数据类型是 U8。

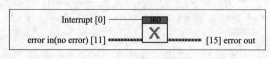

图4-6　关闭中断

四、外部中断应用

1. 控制要求

统计中断次数, 5 的整数倍时, LED 熄灭, 其他状态时, LED 点亮。

2. 外部中断前面板控件对象

(1) 如图 4-7 所示, 单击执行 "帮助" 菜单下 "查找范例" 子菜单命令, 打开 NI 范例查找器。

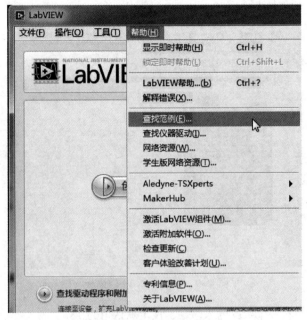

图 4-7 查找范例

(2) 单击 "范例查找器" 左上角的 "目录结构"。

(3) 选择、打开范例操作, 如图 4-8 所示。在右边的目录选择中, 依次双击 "Aledyne-TSXperts" → "Arduino Compatible Compiler for LabVIEW" → "Interrupts" → "subvis" → "Interrupt On Digital Input Edge. vi" 选项, 即可打开 "Interrupt On Digital Input Edge. vi" 输入中断 VI。

图 4-8 选择、打开范例操作

（4）输入中断 VI 前面板（见图 4-9）。

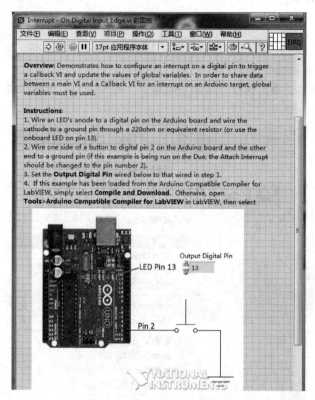

图 4-9　输入中断 VI 前面板

（5）在前面板，只有一个数据输入对象，设定默认值为 13。

3. 外部中断后面板程序框图（见图 4-10）

（1）在外部中断 VI 前面板，单击"窗口"菜单下的"显示程序框图"子菜单命令，即可看到图 4-10 所示的外部中断后面板程序框图。

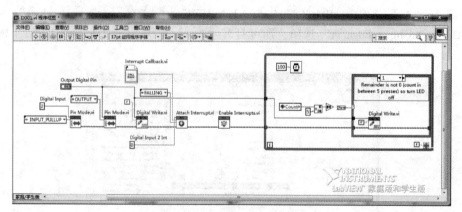

图 4-10　外部中断后面板程序框图

1）通过引脚模式设置 VI 设置 Arduino 控制器引脚 13 为输出。

2）通过引脚模式设置 VI 设置 Arduino 控制器引脚 2 为带上拉输入。

3）通过数字写 VI 设置 Arduino 控制器引脚 13 初始值低电平。

4）通过 Attach Interrupt VI 中断配置 VI 进行中断的配置，中断号配置为 0（INT0 中断），中断模式设置为下降沿触发中断（FALLING），通过 VI Reference 中断发生时回调 VI 的引用，设置回调引用 VI 为 interrupt callbake. vi。

5）通过 Enable Interrupts VI 启用中断 VI。

6）通过 While 循环扫描循环监测中断。

7）通过全局变量统计中断次数。

8）中断发生次数，在外部中断回调 VI（见图 4-11）中统计，每发生一次，全局变量加 1。

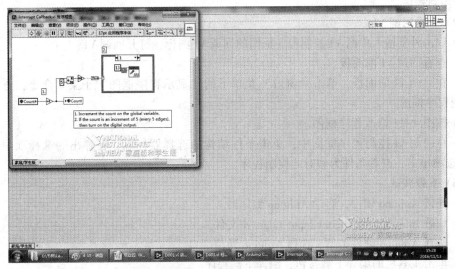

图 4-11　外部中断回调 VI

9）中断次数为 5 的整数倍时，数字写 VI 驱动引脚 13 为高电平。

10）中断次数不为 5 的整数倍时，数字写 VI 驱动引脚 13 为低电平。

 技能训练

一、训练目标

（1）了解中断。

（2）学会外部中断控制。

二、训练步骤与内容

（1）硬件电路连接。

1）输入端 2 连接一个动合按钮。

2）通过 USB 线将 Arduino Uno 控制器连接电脑的 USB 接口。

（2）打开外部输入中断 VI 控制程序。

1）启动 LabVIEW 软件。

2）单击执行"帮助"菜单下"查找范例"子菜单命令，打开 NI 范例查找器。

3）单击"范例查找器"左上角的"目录结构"。

4) 在右边的目录选择中，依次双击"Aledyne-TSXperts"→"Arduino Compatible Compiler for LabVIEW"→"Interrupts"→"subvis"→"Interrupt On Digital Input Edge. vi"选项，即可打开"Interrupt On Digital Input Edge. vi"输入中断 VI。

（3）查看外部输入中断 VI 控制程序。

1）查看外部输入中断 VI 前面板对象。

2）在外部输入中断 VI 前面板，单击"窗口"菜单下的"显示程序框图"子菜单命令，查看外部输入中断 VI 控制程序框图。

3）按图 4-10 修改程序框图。

4）单击条件结构的选择器标签，在弹出的选择项中，选择"假"选项单击，查看条件为假时的控制程序。

（4）查看回调 VI。

1）双击外部输入中断 VI 控制程序框图的回调 VI 图标，打开回调 VI。

2）查看回调 VI 前面板。

3）在回调 VI 前面板，单击"窗口"菜单下的"显示程序框图"子菜单命令，查看回调 VI 控制程序框图。

4）按图 4-11 修改程序框图。

5）在回调 VI 控制程序框图中，单击条件结构的选择器标签，在弹出的选择项中，选择"假"选项单击，查看条件为假时的控制程序。

（5）下载调试。

1）连接 Arduino 硬件，启动 Arduino 编译器。

2）加载 Interrupt On Digital Input Edge. vi 文件。

3）选择 Arduino 硬件类型，选择 Arduino 通信端口。

4）单击工具栏的编译下载按钮，编译下载程序。

5）多次按动引脚 2 连接的按钮，观测 13 号引脚连接的 LED 的状态变化。

任务 10　Arduino 定时中断控制

 基础知识

一、定时中断控制

1. 定时器 1 中断配置（见图 4-12）

Attach Timer1 Interrupt VI（定时器 1 中断配置 VI），当定时器 1 中断发生时，启用定时器通过 VI Reference（VI 引用）来指定回调 VI，period 指定多少微秒触发回调。该中断将只在 AVR 平台能编译通过，在 Arduino Due 板上不工作。注：回调 VI 中针对任何延时 VI 均不支持，使用 Tick Count vis 也不会执行加 1 动作，如加以使用的话，函数中接收的串行数据将会丢失。与回调 VI 的数据交互，必须使用全局变量。

VI Reference 中断发生时回调 VI 的引用。

period 回调 VI 触发的周期（us），数据类型是 U32。

error in 错误信息输入。

error out 错误信息输出。

2. Due 定时器中断配置 VI（见图 4-13）

Attach Due Timer Interrupt VI（Due 定时器中断配置 VI）当 Due 定时器中断触发时，VI Reference 参考引用的回调 VI 将运行，有高到 9 个不同定时器中断能配置，period 指定以怎样的周期触发回调 VI（微秒单位）。该中断配置只适用于 Due 平台板件，针对 Arduino AVR 板件不能工作。

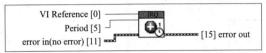

图 4-12　定时器 1 中断配置

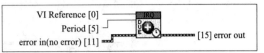

图 4-13　Due 定时器中断配置 VI

VI Reference 当中断触发，参考引用的回调 VI 将运行。

period 微秒触发回调 VI 周期（us），数据类型是 U32。

二、定时中断应用

1. 打开定时中断

（1）单击"范例查找器"左上角的"目录结构"。

（2）在右边的目录选择中，依次双击"Aledyne – TSXperts"→"Arduino Compatible Compiler for LabVIEW"→"Interrupts"→"subvis"→"Interrup Time. vi"选项，即可打开"Interrup Time. vi"定时中断 VI。

2. 查看定时中断 VI 程序

（1）查看定时中断 VI 前面板（见图 4-14）。

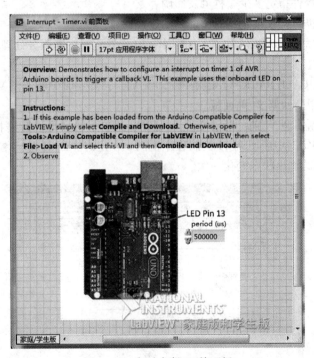

图 4-14　定时中断 VI 前面板

（2）在前面板，只有一个数据输入对象 period 周期，设定默认值为 500000，表示中断周期为 500ms。

（3）在定时中断 VI 前面板，单击"窗口"菜单下的"显示程序框图"子菜单命令，查看定时中断 VI 控制程序框图（见图 4-15）。

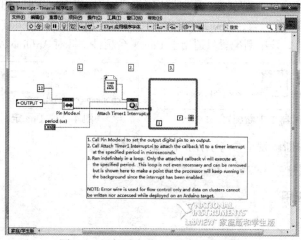

图 4-15　定时中断 VI 控制程序框图

1）通过调用引脚模式设置 VI 设置 Arduino 控制器引脚 13 为输出。

2）通过 Attach Timer Interrupt VI 定时中断配置 VI，配置定时器中断。当定时器中断发生时，启用定时器。

3）通过 VI Reference（VI 引用）来指定回调 VI—TIME CALL BACK. VI。

4）Period 输入控件指定多少微秒触发回调。

5）通过 While 循环扫描设定定时中断外的用户程序。

6）通过 TIME CALL BACK. VI 定时中断回调 VI 设置定时中断服务处理程序。

3. 查看回调 VI

（1）双击 TIME CALL BACK. VI 定时中断回调 VI，打开定时中断回调 VI。

（2）查看定时中断回调 VI 前面板。

（3）在定时中断回调 VI 前面板，单击"窗口"菜单下的"显示程序框图"子菜单命令，查看图 4-16 所示的定时中断回调 VI 控制程序框图。在定时中断回调 VI 控制中，每发生一次定时中断，引脚 13 的输出状态变化一次。

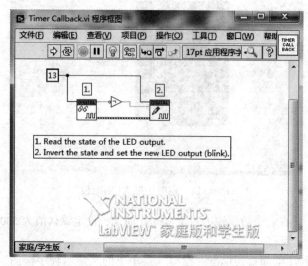

图 4-16　定时中断回调 VI 控制程序框图

技能训练

一、训练目标

（1）了解定时中断。

（2）学会定时中断控制。

二、训练步骤与内容

（1）硬件电路连接。

1）输出端 13 连接一个电阻和 LED。

2）通过 USB 线将 Arduino Uno 控制器连接电脑的 USB 接口。

（2）打开定时中断 VI 控制程序。

1）启动 LabVIEW 软件。

2）单击执行"帮助"菜单下"查找范例"子菜单命令，打开 NI 范例查找器。

3）单击"范例查找器"左上角的"目录结构"。

4）在右边的目录选择中，依次双击"Aledyne-TSXperts" → "Arduino Compatible Compiler for LabVIEW" → "Interrupts" → "subvis" → "Interrup Time. vi"选项，即可打开"Interrup Time. vi"定时中断 VI。

（3）查看定时中断 VI 控制程序。

1）查看定时中断 VI 前面板对象。

2）在定时中断 VI 前面板，单击"窗口"菜单下的"显示程序框图"子菜单命令，查看定时中断 VI 控制程序框图。

（4）查看回调 VI。

1）双击定时中断 VI 控制程序框图的回调 VI 图标，打开回调 VI。

2）查看定时中断回调 VI 前面板。

3）在定时中断回调 VI 前面板，单击"窗口"菜单下的"显示程序框图"子菜单命令，查看定时中断回调 VI 控制程序框图。

习题 4

1. 修改外部中断回调 VI 控制程序，重新下载调试，观察引脚 13 输出 LED 的变化。

2. 修改定时中断回调 VI 控制程序，在用户程序中增加对引脚 12 的控制，重新下载调试，观察引脚 12、13 输出 LED 的变化。

（1）了解 Arduino 串口。

（2）学会 Arduino 与 PC 通信。

任务 11 　Arduino 与 PC 通信

基础知识

一、串口通信

串行接口（Serial Interface）简称串口，串口通信是指数据一位一位地按顺序传送，实现两个串口设备的通信。其特点是通信线路简单，只要一对传输线就可以实现双向通信，从而降级了成本，特别适用于远距离通信，但传送速度较慢。

1. 通信的基本方式

（1）并行通信。数据的每位同时在多根数据线上发送或者接收，其示意图如图 5-1 所示。

并行通信的特点：各数据位同时传送，传送速度快，效率高，有多少数据位就需要多少根数据线，传送成本高。在集成电路芯片的内部，同一插件板上各部件之间，同一机箱内部插件之间等的数据传送是并行的，并行数据传送的距离通常小于 30m。

（2）串行通信。数据的每一位在同一根数据线上按顺序逐位发送或者接收，其通信示意图如图 5-2 所示。

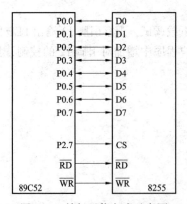

图 5-1　并行通信方式示意图

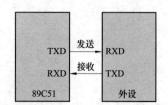

图 5-2　串行通信方式示意图

串行通信的特点：数据传输按位顺序进行，只需两根传输线即可完成，成本低，速度慢。计算机与远程终端、远程终端与远程终端之间的数据传输通常都是串行的。与并行通信相比，串行通信还有较为显著的特点：

1）传输距离较长，可以从几米到几千米。

2）串行通信的通信时钟频率较易提高。

3）串行通信的抗干扰能力十分强，其信号间的互相干扰完全可以忽略。

但是串行通信传送速度比并行通信慢得多。

正是基于以上各个特点的综合考虑，串行通信在数据采集和控制系统中得到了广泛的应用，产品种类也是多种多样的。

2. 串行通信的工作模式

通过单线传输信息是串行数据通信的基础。数据通常是在两个站（点对点）之间进行传输，按照数据流的方向可分为三种传输模式（制式）。

（1）单工模式。单工模式的数据传输是单向的。通信双方中，一方为发送端，另一方则固定为接收端。信息只能沿一个方向传输，使用一根数据线，如图5-3所示。

单工模式一般用在只向一个方向传输数据的场合，例如收音机，收音机只能接收发射塔给它的数据，它并不能给发射塔数据。

（2）半双工模式。半双工模式是指通信双方都具有发送器和接收器，双方即可发射也可接收，但接收和发射不能同时进行，即发射时就不能接收，接收时就不能发送，如图5-4所示。

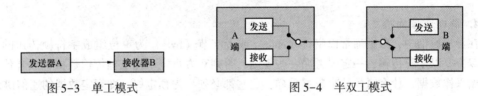

图5-3 单工模式　　　　　图5-4 半双工模式

半双工一般用在数据能在两个方向传输的场合，例如对讲机就是很典型的半双工通信实例。

（3）全双工模式。全双工数据通信分别由两根可以在两个不同的站点同时发送和接收的传输线进行传输，通信双方都能在同一时刻进行发送和接收操作，如图5-5所示。

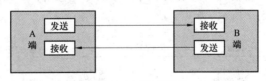

图5-5 全双工模式

在全双工模式下，每一端都有发送器和接收器，有两条传输线，可在交互式应用和远程监控系统中使用，信息传输效率较高，例如手机。

3. 异步传输和同步传输

在串行传输中，数据是一位一位地按照到达的顺序依次进行传输的，每位数据的发送和接收都需要时钟来控制。发送端通过发送时钟确定数据位的开始和结束，接收端需在适当的时间间隔对数据流进行采样来正确地识别数据。接收端和发送端必须保持步调一致，否则就会在数据传输中出现差错。为了解决以上问题，串行传输可采用异步传输和同步传输两种方式。

（1）异步传输。在异步传输方式中，字符是数据传输单位。在通信的数据流中，字符之间异步，字符内部各位间同步。异步通信方式的"异步"主要体现在字符与字符之间通信没有严格的定时要求。在异步传输中，字符可以是连续地一个个地发送，也可以是不连续地随机地单独发送。在一个字符格式的停止位之后，立即发送下一个字符的起始位，开始一个新的字符的传输，这叫作连续地串行数据发送，即帧与帧之间是连续的。断续的串行数据传输是指在一帧结束之后维持数据线的"空闲"状态，新的起始位可在任何时刻开始。一旦传输开始，组成这个字符的各个数据位将被连续发送，并且每个数据位持续时间是相等的。接收端根据这个特点与数据发送端保持同步，从而正确地恢复数据。收发双方则以预先约定的传输速度，在时钟的作用下，传输这个字符中的每一位。

（2）同步传输。同步通信是一种连续传送数据的通信方式，一次通信传送多个字符数据，称为一帧信息。数据传输速率较高，通常可达 56000bit/s 或更高。其缺点是要求发送时钟和接收时钟保持严格同步。例如，可以在发送器和接收器之间提供一条独立的时钟线路，由线路的一端（发送器或者接收器）定期在每个比特时间中向线路发送一个短脉冲信号，另一端则将这些有规律的脉冲作为时钟。这种方法在短距离传输时表现良好，但在长距离传输中，定时脉冲可能会和信息信号一样受到破坏，从而出现定时误差。另一种方法是通过采用嵌有时钟信息的数据编码位向接收端提供同步信息。同步通信传输格式如图 5-6 所示。

同步字符	数据字符1	数据字符2	…	数据字符n-1	数据字符n	校验字符	（校验字符）

图 5-6 同步通信格式

4. 串口通信的格式

在异步通信中，数据通常以字符（char）或者字节（byte）为单位组成字符帧传送的。既然要双方要以字符传输，一定要遵循一些规则，否则双方肯定不能正确传输数据，或者什么时候开始采样数据，什么时候结束数据采样，这些都必须事先预定好，即规定数据的通信协议。

（1）字符帧。由发送端一帧一帧的发送，通过传输线被接收设备一帧一帧的接收。发送端和接收端可以有各自的时钟来控制数据的发送和接收，这两个时钟源彼此独立。

（2）异步通信中，接收端靠字符帧格式判断发送端何时开始发送，何时结束发送。平时，发送先为逻辑 1（高电平），每当接收端检测到传输线上发送过来的低电平逻辑 0 时，就知道发送端开始发送数据，每当接收端接收到字符帧中的停止位时，就知道一帧字符信息发送完毕。异步通信格式如图 5-7 所示。

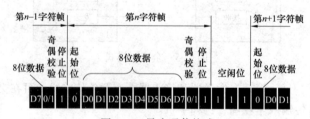

图 5-7 异步通信格式

1）起始位。在没有数据传输时，通信线上处于逻辑"1"状态。当发送端要发送 1 个字符数据时，首先发送 1 个逻辑"0"信号，这个低电平便是帧格式的起始位，其作用是向接收端表达发送端开始发送一帧数据。接收端检测到这个低电平后，就准备接收数据。

2）数据位。在起始位之后，发送端发出（或接收端接收）的是数据位，数据的位数没有严格的限制，5~8 位均可，由低位到高位逐位发送。

3）奇偶校验位。数据位发送完（接收完）之后，可发送一位用来验证数据在传送过程中是否出错的奇偶校验位。奇偶校验是收发双发预先约定的有限差错校验方法之一，有时也可不用奇偶校验。

4）停止位。字符帧格式的最后部分是停止位，逻辑"高（1）"电平有效，它可占 1/2 位、1 位或 2 位。停止位表示传送一帧信息的结束，也为发送下一帧信息做好准备。

5. 串行通信的校验

串行通信的目的不只是传送数据信息，更重要的是应确保准确无误地传送，因此必须考虑在通信过程中对数据差错进行校验，差错校验是保证准确无误通信的关键。常用差错校验方法有奇偶校验、累加和校验以及循环冗余码校验等。

（1）奇偶校验。奇偶校验的特点是按字符校验，即在发送每个字符数据之后都附加一位奇偶校验位（1 或 0），当设置为奇校验时，数据中 1 的个数与校验位 1 的个数之和应为奇数，反之则为偶校验。收发双方应具有一致的差错校验设置，当接收 1 帧字符时，对 1 的个数进行校验，若奇偶性（收、发双方）一致则说明传输正确。奇偶校验只能检测到那种影响奇偶位数的错误，比较低级且速度慢，一般只用在异步通信中。

（2）累加和校验。累加和校验是指发送方将所发送的数据块求和，并将"校验和"附加到数据块末尾。接收方接收数据时也是先对数据块求和，将所得结果与发送方的"校验和"进行比较，若两者相同，表示传送正确，若不同则表示传送出了差错。"校验和"的加法运算可用逻辑加，也可用算术加。累加和校验的缺点是无法校验出字节或位序的错误。

（3）循环冗余码校验（CRC）。循环冗余码校验的基本原理是将一个数据块看成一个位数很长的二进制数，然后用一个特定的数去除它，将余数作校验码附在数据块之后一起发送。接收端收到数据块和校验码后，进行同样的运算来校验传输是否出错。

6. 波特率

波特率是表示串行通信传输数据速率的物理参数，其定义为在单位时间内传输的二进制 bit 数，用位/秒（Bit per Second）表示，其单位量纲为 bit/s。例如串行通信中的数据传输波特率为 9600bit/s，意即每秒钟传输 9600 个 bit，合计 1200 个字节，则传输一个比特所需要的时间为

1/9600bit/s = 0.000104s = 0.104ms

传输一个字节的时间为 0.104ms×8 = 0.832ms。

在异步通信中，常见的波特率通常有 1200、2400、4800、9600 等，其单位都是 bit/s，高速的可以达到 19200bit/s。异步通信中允许收发端的时钟（波特率）误差不超过 5%。

7. 串行通信接口规范

由于串行通信方式能实现较远距离的数据传输，因此在远距离控制时或在工业控制现场通常使用串行通信方式来传输数据。由于在远距离数据传输时，普通的 TTL 或 CMOS 电平无法满足工业现场的抗干扰要求和各种电气性能要求，因此不能直接用于远距离的数据传输。国际电气工业协会 EIA 推进了 RS-232、RS-485 等接口标准。

（1）RS-232 接口规范。RS-232-C 是 1969 年 EIA 制定的在数据终端设备（DTE）和数据通信设备（DCE）之间的二进制数据交换的串行接口，全称是 EIA-RS-232-C 协议，实际中常称 RS-232，也称 EIA-232，最初采用 DB-25 作为连接器，包含双通道，但是现在也有采用 DB-9 的单通道接口连接，RS-232C 串行端口定义见表 5-1。

表 5-1 RS-232C 串行端口定义

DB9	信号名称	数据方向	说明
2	RXD	输入	数据接收端

DB9	信号名称	数据方向	说明
3	TXD	输出	数据发送端
5	GND	–	地
7	RTS	输出	请求发送
8	CTS	输入	清除发送
9	DSR	输入	数据设备就绪

在实际中，DB9 由于结构简单，仅需要 3 根线就可以完成全双工通信，所以在实际中应用广泛。RS-232 采用负逻辑电平，用负电压表示数字信号逻辑"1"，用正电平表示数字信号的逻辑"0"。规定逻辑"1"的电压范围为–5～–15V，逻辑"0"的电压范围为+5～+15V。RS-232-C 标准规定，驱动器允许有 2500pF 的电容负载，通信距离将受此电容限制，例如，采用 150pF/m 的通信电缆时，最大通信距离为 15m，若每米电缆的电容量减小，通信距离可以增加。传输距离短的另一原因是 RS-232 属单端信号传送，存在共地噪声和不能抑制共模干扰等问题，因此一般用于 20m 以内的通信。

（2）RS-485 接口规范。RS-485 标准最初由 EIA 于 1983 年制定并发布，后由通信工业协会修订后命名为 TIA/EIA-485-A，在实际中习惯上称之为 RS-485。RS-485 是为弥补 RS-232 的不足而提出的。为改进 RS-232 通信距离短、速率低的缺点，RS-485 定义了一种平衡通信接口，将传输速率提高到 10Mbit/s，传输距离超过 1200m（速率低于 100kbit/s 时），并允许在一条平衡线上连接最多 10 个接收器。RS-485 是一种单机发送、多机接收的单向、平衡传输规范，为扩展应用范围，随后又增加了多点、双向通信能，即允许多个发送器连接到同一条总线上，同时增加了发送器的驱动能力和冲突保护特性，扩展了总线共模范围，其特点如下。

1）差分平衡传输。

2）多点通信。

3）驱动器输出电压（带载）：≥｜1.5V｜。

4）接收器输入门限：±200mV。

5）–7V 至+12V 总线共模范围。

6）最大输入电流：1.0mA/–0.8mA（12Vin/–7Vin）。

7）最大总线负载：32 个单位负载（UL）。

8）最大传输速率：10Mbit/s。

9）最大电缆长度：4000 英尺（1219m）。

RS-485 接口是采用平衡驱动器和差分接收器的组合，抗共模干能力更强，即抗噪声干扰性好。RS-485 的电气特性用传输线之间的电压差表示逻辑信号，逻辑"1"以两线间的电压差为+2～+6V 表示；逻辑"0"以两线间的电压差为–2～–6V 表示。

RS-232-C 接口在总线上只允许连接 1 个收发器，即一对一通信方式。而 RS-485 接口在总线上允许最多 128 个收发器存在，具备多站能力，基于 RS-485 接口，可以方便组建设备通信网络，实现组网传输和控制。

由于 RS-485 接口具有良好的抗噪声干扰性，使之成为远传输距离、多机通信的首选串行接口。RS-485 接口使用简单，可以用于半双工网络（只需 2 条线），也可以用于全双工通信（需 4 条线）。RS-485 总线对于特定的传输线径，从发送端到接收端数据信号传输所允许的最大电缆长度是数据信号速率的函数，这个长度数据主要受信号失真及噪声等影响所限制，所以实际中 RS-485 接口均采用屏蔽双绞线作为传输线。

RS-485 允许总线存在多主机负载，其仅仅是一个电气接口规范，只规定了平衡驱动器和接收器的物理层电特性，而对于保证数据可靠传输和通信的连接层、应用层等协议并没有定义，需要用户在实际使用中予以定义。Modbus、RTU 等是基于 RS-485 物理链路的常见的通信协议。

（3）串行通信接口电平转换。

1）TTL/CMOS 电平与 RS-232 电平转换。TTL/CMOS 电平采用的是 0~5V 的正逻辑，即 0V 表示逻辑 0，5V 表示逻辑 1，而 RS-232 采用的是负逻辑，逻辑 0 用+5~ +15V 表示，逻辑 1 用-5~-15V 表示。在 TTL/CMOS 中，如果使用 RS-232 串行口进行通信，必须进行电平转换。MAX232 是一种常见的 RS-232 电平转换芯片，单芯片解决全双工通信方案，单电源工作，外围仅需少数几个电容器即可。

2）TTL/CMOS 电平与 RS-485 电平转换。RS-485 电平是平衡差分传输的，而 TTL/CMOS 是单极性电平，需要经过电平转换才能进行信号传输。常见的 RS-485 电平转换芯片有 MAX485、MAX487 等。

二、Arduino UNO 的串口及串口选板

1. Arduino UNO 的串口引脚

Arduino UNO 的串口引脚位于 0 号（RX）和 1 号（TX）的两个引脚上，Arduino 的 USB 口通过一个转换芯片与这两个串口引脚连接，该转换芯片通过 USB 接口在计算机上虚拟一个用于与 Arduino 通信的串口。当用户使用 USB 线将 Arduino UNO 控制板与计算机连接时，两者之间就建立了串口通信连接，Arduino UNO 就可以与计算机传送数据了。

2. Arduino LabVIEW 的串口选板（见图 5-8）

串口 VI 选板是为 Arduino 板而设的，因大多数板只有一个串口，所以 "Serial Open. vi" 必须要用到的，如 Mega 板等小部分板子，支持 4 个串口，第 2 个串口实际标为 "Serial 1"，第 3 个串口标为 "Serial 2"，以此类推。因此要使用对应的 "Serial X Open. vi" 与硬件串口衔接，使用本 VI 选板外的串口 VIs 均会导致编译出错。

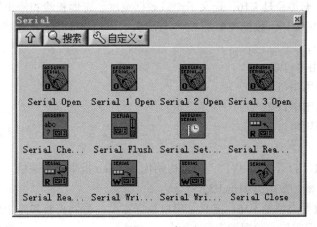

图 5-8　串口

3. 打开串口（见图 5-9）

Serial Open VI 初始化 Arduino 板串口 0 通信，所有 Arduino 板至少有一个串口（也叫做

UART 或 USART)：Serial。其与电脑通过 USB 通信，板内相连到数字引脚 0（RX）和 1（TX）。如果调用此 VI，引脚 0 和 1 就不能用作普通 GPIO 口了。Arduino Mega 板拥有另外三个串口：串口 1 在引脚 19（RX）和 18（TX），串口 2 在引脚 17（RX）和 16（TX），串口 3 在引脚 15（RX）和 14（TX）；Arduino Due 板也有另外三个 3.3V TTL 电平串口：串口 1 在引脚 19（RX）和 18（TX），串口 2 在引脚 17（RX）和 16（TX），串口 3 在引脚 15（RX）和 14（TX）。其引脚 0 和 1 也连到 ATmega16U2 USB-to-TTL 串口芯片相应管脚，从而连到 USB 调试端口 USB debug port。此外，SAM3X 芯片上有个本地 USB 转串口 SerialUSB。本 VI 也设置传输波特率，与电脑通信时，可选用下列常规波特率数值：300、600、1200、2400、4800、9600、14400、19200、28800、38400、57600 或 115200，也可指定其他波特率数值。另外一个串口参数配置数据位、奇偶校验位和停止位，默认为 8 个数据位，无校验，1 个停止位。

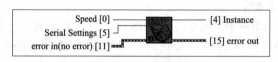

图 5-9　打开串口

Speed 串口波特率，数据类型是 U32。

Serial Settings 数据类型是 U16，定义了串口数据宽度，奇偶校验，和停止位。

Instance 串口引用实例，数据类型是 U8。与随后的串口 VIs 相连，这些串口均代码硬件化了，访问时对应如下。

（1）Serial：引用串口 0。

（2）Serial1：引用串口 1。

（3）Serial2：引用串口 2。

（4）Serial3：引用串口 3。

4. 打开串口 2

Serial 2 Open VI（打开串口 2VI），用于初始化 Arduino 板串口 2 通信。

Speed 串口波特率，数据类型是 U32。

Serial Settings 数据类型是 U16，定义了串口数据宽度、奇偶校验和停止位。

Instance 串口引用实例，数据类型是 U8。与随后的串口 VIs 相连，这些串口均代码硬件化了，访问时对应如下。

（1）Serial：引用串口 0。

（2）Serial1：引用串口 1。

（3）Serial2：引用串口 2。

（4）Serial3：引用串口 3。

5. 打开串口 3

Serial 3 Open VI（打开串口 3VI），用于初始化 Arduino 板串口 2 通信。

Speed 串口波特率，数据类型是 U32。

Serial Settings 数据类型是 U16，定义了串口数据宽度、奇偶校验和停止位。

Instance 串口引用实例，数据类型是 U8。

6. 串口字节校验（见图 5-10）

Serial Check for Bytes VI（串口字节校验 VI），从串口读取到的字节数（字符数），这些数据已经收到存储在接收缓冲区（拥有 64 字节空间）。

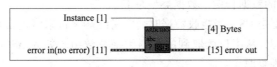

图 5-10　串口字节校验

Instance 串口引用实例，数据类型是 U8。

Bytes 从串口读取到的字节数，数据类型是 I32。

7. 串口清空（见图 5-11）

Serial Flush VI（清除串口数据 VI），等待串口输出数据完成，然后清除串口缓冲区数据。

Instance 串口引用实例，数据类型是 U8。

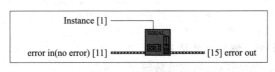

图 5-11　串口清空

8. 串口读取字节（见图 5-12）

Serial Read Bytes VI（读取串口字节 VI），从串口读取字符数据装载进缓冲区，由长度 Length 或溢出时间（基于 Serial Set Timeout. vi 的设定值）来决定。这个 VI 也返回输出字符数据长度到缓冲区，如 bytes read 输出为 0，意味着没发现有效数据。

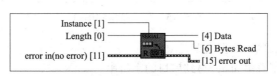

图 5-12　串口读取字节

Instance 串口引用实例，数据类型是 U8。

Length 从串口读取的数据长度，数据类型是 I32。

Data 数据类型是 U8，从串口读取到的数据为字节数组，如为 ASCII 码，可通过字节数组至字符串转换 VI 来实现复原。

Bytes Read 数据类型是 I32，从串口实际读取到的数据长度。

9. 串口读取字节直到 ...（见图 5-13）

Serial Read Bytes Until VI（串口读取字节直到 VI），从串口读取字符数据装载进缓冲区，直到侦测到终端字符，可能由长度 Length 或溢出时间（基于 Serial Set Timeout. vi 的设定值）来决定。这个 VI 也返回输出字符数据多少到缓冲区，如 bytes read 输出为 0，意味着没发现有效数据。

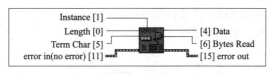

图 5-13　串口读取字节直到

Instance 串口引用实例，数据类型是 U8。

Length 从串口读取的数据长度，数据类型是 I32。

Term Char 数据类型是 U8，当接收数据时，定义终端字符来停止读取。

Data 数据类型是 U8，从串口读取到的数据为字节数组，如为 ASCII 码，可通过字节数组至字符串转换 VI 来实现复原。

Bytes Read 数据类型是 I32，从串口实际读取到的数据长度。

10. 写二进制数到串口（见图 5-14）

Serial Write Bytes VI（写二进制数到串口 VI），数据以单个字节或一串字节发送。

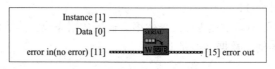

图 5-14　写二进制数到串口

Instance 串口引用实例，数据类型是 U8。

Data 数据类型是 U8，写到串口的字节数组。

11. 写字符串到串口（见图 5-15）

Serial Write String VI（写字符串到串口 VI），字符串信息输出到串口。

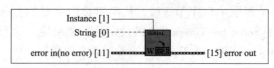

图 5-15　写字符串到串口

Instance 串口引用实例，数据类型是 U8。

String 数据类型是字符串 abc，写到串口的字符串。

12. 设置串口溢出时间（见图 5-16）

Serial Set Timeout VI（设置串口溢出时间 VI），当调用 Serial Read Bytes. vi 时，设定串口最大等待时长（ms），默认不连线其值为 1000ms。

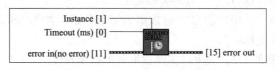

图 5-16　设置串口溢出时间

Instance 串口引用实例，数据类型是 U8。

Timeout（ms）数据类型是 I32，设定串口最大等待接收数据时长（ms）。

13. 关闭串口（见图 5-17）

Serial Close VI（关闭串口 VI），用于关闭串口通信，从而允许 RX 和 TX 引脚用作普通 GPIO 口。如要重新启用串口通信，需要调用 Serial X Open. vi。

Instance 串口引用实例，数据类型是 U8。

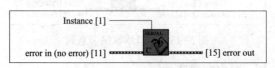

图 5-17　关闭 VI 串口

三、PC 与 Arduino UNO 的串口通信

1. 控制要求

通过串口实现 PC 与 Arduino UNO 的串口通信。

2. 串口通信控制程序

（1）启动 LabVIE 软件。

（2）单击执行"帮助"菜单下"查找范例"子菜单命令，打开 NI 范例查找器。

（3）单击"范例查找器"左上角的"目录结构"。

（4）在右边的目录选择中，依次双击"Aledyne - TSXperts"→"Arduino Compatible Compiler for LabVIEW"→"Serial"→"Serial Monitoring GUI-Arduino Target. vi"选项，即可打开"Serial Monitoring GUI-Arduino Target. vi"主机与 Arduino 目标板通信控制 VI。

（5）在主机与 Arduino 目标板通信控制 VI 前面板，单击"窗口"菜单下的"显示程序框图"子菜单命令，即可看到图 5-18 所示的串口通信控制程序框图。

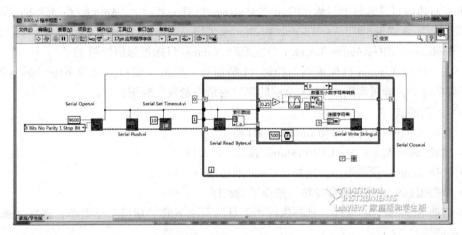

图 5-18　串口通信控制程序

（6）控制程序说明。

1）调用 Serial Open. vi 打开与 PC 主机的串口连接。

2）调用 Serial Flush. vi 清空发送缓冲区。

3）调用 Serial Set Timeout. vi 设定 Serial Read. vi 读数的最大时延。

4）每秒一次执行 While 循环，程序间歇切换要么传输数据点，要么间隔 250ms。

5）无限循环。

6）调用 Serial Read Bytes. vi 检查 PC 主机 VI 是否发送了暂停/持续命令。

7）如果串口有一个字节接收了，意味着向 PC 主机 VI 暂停传输数据；如果串口没收到字符，持续产生正弦波数据点到 PC 主机上。

8）产生正弦波数据点，终端字符为换行符。

9）调用 Serial Write String. vi 通过串口通信发送正弦波数据点。

10）调用 Serial Close. vi 关闭 PC 主机的串口连接。

技能训练

一、训练目标

（1）了解串口结构。

（2）学会 PC 与 Arduino 硬件板的通信。

二、训练步骤与内容

（1）硬件电路连接。通过 USB 线将 Arduino Uno 控制器连接电脑的 USB 接口。

（2）打开串口通信控制程序。

1）启动 LabVIE 软件。

2）单击执行"帮助"菜单下"查找范例"子菜单命令，打开 NI 范例查找器。

3）单击"范例查找器"左上角的"目录结构"。

4）在右边的目录选择中，依次双击"Aledyne-TSXperts"→"Arduino Compatible Compiler for LabVIEW"→"Serial"→"Serial Monitoring GUI－Arduino Target. vi"选项，即可打开"Serial Monitoring GUI－Arduino Target. vi"主机与 Arduino 目标板通信控制 VI。

5）在主机与 Arduino 目标板通信控制 VI 前面板，单击"窗口"菜单下的"显示程序框图"子菜单命令，即可看到图 5-18 所示的串口通信控制程序框图。

（3）下载调试。

1）连接 Arduino 硬件，启动 Arduino 编译器。

2）加载 Serial Monitoring GUI-Arduino Target. vi 文件。

3）选择 Arduino 硬件类型，选择 Arduino 通信端口。

4）单击工具栏的编译下载按钮，编译下载程序。

5）启动 Arduino IDE 软件，单击执行"工具"菜单下的"端口"子菜单，选择 Arduino 控制板连接的端口。

6）打开串口调试器，通过串口调试器，观测串口数据通信（见图 5-19）。

图 5-19　观测串口数据通信

习题 5

1. 通过串口调试器发送串口命令到 Arduino 硬件板，收到字符 "A"，打开 13 号引脚 LED 指示灯，收到字符 "C"，关闭 13 号引脚 LED 指示灯。

2. 设计 LabVIEW 与 Arduino 通信控制程序，LabVIEW 是主控，Arduino 接收数据，收到字符 "B"，打开 13 号引脚 LED 指示灯，收到字符 "D"，关闭 13 号引脚 LED 指示灯。

项目六 应用串口总线

学习目标

（1）学会 I²C 总线控制。
（2）系会 SPI 总线控制。

任务 12　I²C 总线及应用

基础知识

一、I²C 串行总线及应用

1. I²C 总线

I²C（Inter-Integrated Circuit）串行总线（可写作 I²C）是 PHLIPS 公司于 20 世纪 80 年代推出的一种串行总线，是具备多主机系统所需的包括总线裁决和高低器件同步功能的高性能串行总线，主要优点是其简单性和有效性。由于接口直接在组件之上，因此 I²C 总线占用的空间非常小，减少了电路板的空间和芯片管脚的数量，降低了互联成本。I²C 总线的另一个优点是支持多主控，其中任何能够进行发送和接收的设备都可以成为主总线，一个主控能够控制信号的传输和时钟频率，当然，在任何时间点上只能有一个主控。

2. I²C 总线的特性

（1）只要求两条总线。一条是串行数据线（SDA），另一条是串行时钟线（SCL）。

（2）器件地址唯一。每个连接到总线的器件都可以通过唯一的地址和一直存在的简单的主机/从机关联，并由软件设定地址，主机可以作为主机发送器或主机接收器。

（3）多主机总线。它是一个真正的多主机总线，如果两个或更多主机同时初始化数据传输，则可以通过冲突检测和仲裁防止数据被破坏。

（4）传输速度快。串行的 8 位双向数据传输位速率在标准模式下可达 100kbit/s，快速模式下可达 400kbit/s，高速模式下可达 3.4Mbit/s。

（5）具有滤波作用。片上的滤波器可以滤去总线数据线上的毛刺波，保证数据完整。

（6）连接到相同总线的 IC 数量只受到总线的最大电容 400pF 限制。

3. I²C 总线中常用术语（见表 6-1）

表 6-1　　　　　　　　　　　　I²C 总线常用术语

术语	功能描述
发送器	发送数据到总线的器件
接收器	从总线接收数据的器件

续表

术语	功能描述
主机	初始化发送、产生时钟信号和终止发送的器件
从机	被主机寻址的器件
多主机	同时有多于一个主机尝试控制总线，但不破坏报文
仲裁	是一个在有多个主机同时尝试控制总线，但只允许其中一个控制总线并使报文不被破坏的过程
同步	两个或多个器件同步时钟信号的过程

4. I²C 总线硬件结构图

I²C 总线通过上拉电阻接正电源。当总线空闲时，两根线均为高电平。连到总线上的任一器件输出的低电平，都将使总线的信号变低，即各器件的 SDA 和 SCL 都是线"与"的关系，I²C 总线连接如图 6-1 所示。

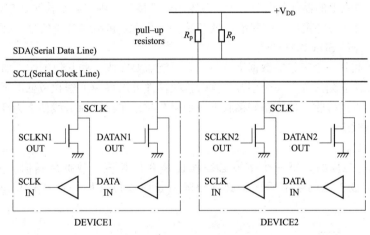

图 6-1　I²C 总线连接

每个连接到 I²C 总线上的器件都有唯一的地址。主机与其他器件间的数据传送可以是由主机发送数据到其他器件，这时主机即为发送器，由总线上接收数据的器件则为接收器。在多主机系统中，可能同时有几个主机企图启动总线传输数据，为了避免混乱，I²C 总线要通过总线仲裁，以决定由哪一台主机控制总线。

5. I²C 总线的数据传送

（1）数据位的有效性规定。I²C 总线进行数据传送时，时钟信号为高电平期间，数据线上的数据必须保持稳定，只有在时钟线上的信号为低电平期间，数据线上的高电平或低电平状态才允许变化（见图 6-2）。

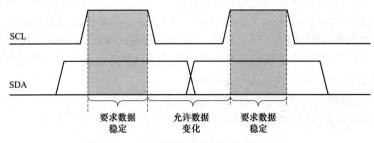

图 6-2　I²C 总线数据位的有效性规定

（2）起始和终止信号。SCL 线为高电平期间，SDA 线由高电平向低电平的变化表示起始信号；SCL 线为高电平期间，SDA 线由低电平向高电平的变化表示终止信号，如图 6-3 所示。

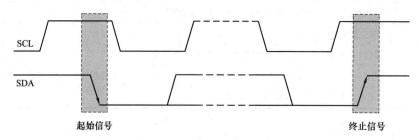

图 6-3　起始和终止信号

起始和终止信号都是由主机发出的，在起始信号产生后，总线就处于被占用的状态；在终止信号产生后，总线就处于空闲状态。

连接到 I^2C 总线上的器件，若具有 I^2C 总线的硬件接口，则很容易检测到起始和终止信号。对于不具备 I^2C 总线硬件接口的有些单片机来说，为了检测起始和终止信号，必须保证在每个时钟周期内对数据线 SDA 采样两次。

接收器件接收到一个完整的数据字节后，有可能需要完成一些其他工作，如处理内部中断服务等，可能无法立刻接收下一个字节，这时接收器件可以将 SCL 线拉成低电平，从而使主机处于等待状态。直到接收器件准备好接收下一个字节时，在释放 SCL 线使之为高电平，从而使数据传送可以继续进行。

（3）数据传送格式。

1）字节传送与应答。每一个字节必须保证是 8 位长度。数据传送时，先传送最高位（MSB），每一个被传送的字节后面都必须跟随一位应答位（即一帧共有 9 位），如图 6-4 所示。

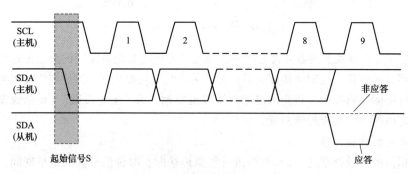

图 6-4　数据传送格式与应答

2）数据帧格式。I^2C 总线上传送的数据信号是广义的，既包括地址信号，又包括真正的数据信号。在起始信号后必须传送一个从机的地址（7 位），第 8 位是数据的传送方向（R/T），用"0"表示主机发送数据（T），"1"表示主机接收数据（R）。每次数据传送总是由主机产生的终止信号结束。但是，若主机希望继续占用总线进行新的数据发送，则可以不产生终止信号，马上再次发出起始信号对另一从机进行寻址。

在总线的一次数据传送过程中，可以有以下几种组合方式。

a）主机向从机发送数据，数据传送方向在整个传送过程中不变，格式如下。

S	从机地址	0	A	数据	A	数据	A/$\overline{A}$	P

注：有阴影部分表示数据由主机向从机传送，无阴影部分则表示数据由从机向主机传送。A 表示应答，$\overline{A}$ 表示非应答，S 表示起始信号，P 表示终止信号。

b）主机在第一个字节后，立即由从机读数据，格式如下。

S	从机地址	1	A	数据	A	数据	$\overline{A}$	P

c）在传送过程中，当需要改变传送方向时，起始信号和从地址都被重复产生一次，但两次读/写方向位正好相反，传输方向改变的数据格式如下。

S	从机地址	0	A	数据	A/$\overline{A}$	S	从机地址	1	A	数据	$\overline{A}$	P

（4）I^2C 总线的寻址。I^2C 总线协议有明确的规定，有 7 位和 10 位的两种寻址字节，7 位寻址字节的位定义（见表 6-2）。

表 6-2 寻址字节位定义表

位	7	6	5	4	3	2	1	0
寻址字节				从机地址				R/W

D7~D1 位组成从机的地址。D0 位是数据传送方向位，"0" 时表示主机向从机写数据，"1" 时表示主机由从机读数据。

主机发送地址时，总线上的每个从机都将这 7 位地址码与自己的地址进行比较，如果相同，则认为自己正被主机寻址，之后根据 R/W 位来确定自己是发送器还是接收器。

从机的地址由固定部分和可编程部分组成。在一个系统中可能希望接入多个相同的从机，从机地址中可编程部分决定了可接入总线该类器件的最大数目。如一个从机的 7 位寻址位有 4 位固定，3 位可编程，那么这条总线上最大能接 8（2^3）个从机。

二、I^2C 选板

1. Arduino LabVIEW 的 I^2C 选板（见图 6-5）

Arduino LabVIEW 的 I^2C 选板中的 APIs 可连接到其他传感器、外设，只需使用两根数字信号线，一条是串行数据线（SDA），另一条是串行时钟线（SCL），可配置主机或从机，也支持 I^2C 接收中断。

图 6-5 I^2C 选板

2. I^2C 打开（见图 6-6）

I^2C Open VI（I^2C 打开 VI），初始化 I^2C 端口（SDA/SCL），作为主机或从机连接到 I^2C 总

线。如果 Mode 设置为 Master，则 Slave Address 忽略不计，如果 Mode 设置为 Slave，则 Slave Address 启用。

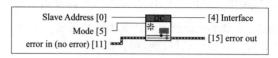

图 6-6   I²C 打开

Slave Address 数据类型是 U8，在从机（Slave）模式定义从机地址。

Mode 数据类型是枚举型，定义是否为主机（Master）或从机（Slave）模式，如设置为从机（Slave）的话，则 Slave Address 有效。

error in 错误信息输入。

Interface 数据类型是 U8，I²C 端口的参考引用，与后续 I²C 接口 VIs 相连。

error out 错误信息输出。

3. I²C 1 打开

I²C 1 Open VI（I² C1 打开 VI），初始化 I²C 1 端口。

Slave Address 数据类型是 U8，在从机（Slave）模式定义从机地址。

Mode 数据类型是枚举型，定义是否为主机（Master）或从机（Slave）模式，如设置为从机（Slave）的话，则 Slave Address 有效。

Interface 数据类型是 U8，I²C 接口的参考引用，与后续 I²C 接口 VIs 相连。

4. I²C 可读取的字节（见图 6-7）

I²C Available VI（I²C 可读取的字节 VI），使用 I²C Read. vi 或 I²C Read All Bytes. vi 返回检索到的字节数，调用 I²C Request From. vi 后由主机调用，或在 I²C Attach Receive Interrupt Callback VI 中因从机调用前，查询 I²C 可读取的字节时，使用本 VI。

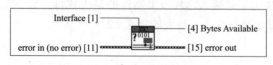

图 6-7   I²C 可读取的字节

Interface 数据类型是 U8，I²C 端口参考引用。

Bytes Available 数据类型是 U32，返回 I²C 端口可读取到的字节数。

5. I²C 读（见图 6-8）

I²C Read VI（I²C 读 VI），从指定的 I²C 端口读取一个字节，当 I²C Available. vi 返回非 0 字节数，该 VI 才启用。

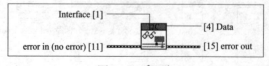

图 6-8   I²C 读

Interface 数据类型是 U8，I²C 端口的参考引用。

Data 数据类型是 U8，从 I²C 端口读取数据字节。

6. I²C 读取所有字节（见图 6-9）

I²C Read All Bytes VI（I²C 读取所有字节 VI），从指定 I²C 端口读取所有字节内容。

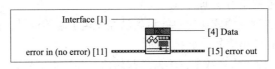

图 6-9　I²C 读取所有字节

Interface 数据类型是 U8，I²C 端口的参考引用。

Data 数据类型是 U8，从 I²C 端口读取一个字节数组数据，如果接收的是 ASCII 码字符数据，可通过 LabVIEW 字节数组到字符串原生 VI 转换获取字符串。

7. I²C 消息请求（见图 6-10）

I²C Request From VI（I²C 消息请求 VI），主机上使用，请求从机的数据，通过 I²C Read.vi 和 I²C Read All Bytes.vi 函数来提取字节内容。

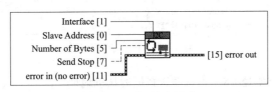

图 6-10　I²C 消息请求

Slave Address 数据类型是 U8，主机请求数据的从机地址。

Interface 数据类型是 U8，I²C 端口的参考引用。

Number of Bytes 数据类型是 U32，请求从机的字节数。

Send Stop 数据类型是布尔型 TF，I²C 总线请求释放后，拉高电平作为停止信号发送，如为低电平，重发消息，总线不释放，防止另一主机请求消息，这使得一个主机能发送多个请求。

8. I²C 写数组（见图 6-11）

I²C Write Array VI（I²C 写数组 VI），主机写数据，从机响应，或主机发送队列字节到从机。

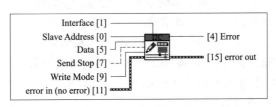

图 6-11　I²C 写数组

Slave Address 数据类型是 U8，主机发送数据的从机地址。

Interface 数据类型是 U8，I²C 端口的参考引用。

Data 数据类型是 U8，发送给从机的数据。

Send Stop 数据类型是布尔型 TF，I²C 总线请求释放后，拉高电平作为停止信号发送，如为低电平，重发消息，总线不释放，防止另一主机请求消息，这使得一个主机能发送多个请求。

Write Mode 数据类型是枚举型，传输调用中定义如何处理起始和结束信号。

Begin and End：在发送队列数据之前，发送起始信号，队列数据发送完后，发送结束信号，强制发送所有数据和停止信号或重新启动。

　　　　Begin and Queue：只传送起始信号和队列数据，不发送停止信号也不重新启动，在结束整个传输之前还可另外调用写数据。

　　　　Queue and End：这种模式假定总线事先已经发送了起始信号，传送队列数据和结束信号。强制发送所有数据和停止信号或重新启动。

　　　　Queue Only：只传送队列数据，不发送起始信号和结束信号。

　　Error 数据类型是 U32，侦测数据传输状态。0：成功；1：数据太长，放入传输缓冲区；2：地址传输接收 NACK；3：数据传输接收 NACK；4：其他错误。

9. I^2C 写字节（见图6-12）

I^2C Write Byte VI（I^2C 写字节 VI），主机写数据，从机响应，或主机发送字节数据到从机。

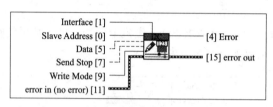

图 6-12　I^2C 写字节

Slave Address 数据类型是 U8，主机发送数据的从机地址。

Interface 数据类型是 U8，I^2C 端口的参考引用。

Data 数据类型是 U8，发送给从机的数据。

Send Stop 数据类型是布尔型 TF，I^2C 总线请求释放后，拉高电平作为停止信号发送，如为低电平，重发消息，总线不释放，防止另一主机请求消息，这使得一个主机能发送多个请求。

Write Mode 数据类型是枚举型，传输调用中定义如何处理起始和结束信号。

　　　　Begin and End：在发送队列数据之前，发送起始信号，队列数据发送完后，发送结束信号。强制发送所有数据和停止信号或重新启动。

　　　　Begin and Queue：只传送起始信号和队列数据，不发送停止信号也不重新启动，在结束整个传输之前还可另外调用写数据。

　　　　Queue and End：这种模式假定总线事先已经发送了起始信号，传送队列数据和结束信号。强制发送所有数据和停止信号或重新启动。

　　　　Queue Only：只传送队列数据，不发送起始信号和结束信号。

　　Error 数据类型是 U32，侦测数据传输状态。0：成功；1：数据太长，放入传输缓冲区；2：地址传输接收 NACK；3：数据传输接收 NACK；4：其他错误。

10. I^2C 写字符串（见图6-13）

I^2C Write String VI（I^2C 写字符串 VI），主机写数据，从机响应，或主机到从机传送队列数据，自动调用起始信号和结束信号。

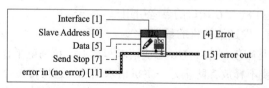

图 6-13　I^2C 写字符串

Slave Address 数据类型是 U8，主机发送数据的从机地址。

Interface 数据类型是 U8，I^{2}C 端口的参考引用。

Data 数据类型是 U8，发送到从机的字符串内容。

Send Stop 数据类型是布尔型 TF，I^{2}C 总线请求释放后，拉高电平作为停止信号发送，如为低电平，重发消息，总线不释放，防止另一主机请求消息，这使得一个主机能发送多个请求。

Error 数据类型是 U32，侦测数据传输状态。0：成功；1：数据太长，放入传输缓冲区；2：地址传输接收 NACK；3：数据传输接收 NACK；4：其他错误。

11. I^{2}C 接收中断配置（见图 6-14）

I^{2}C Attach Receive Interrupt VI（I^{2}C 接收中断配置 VI），当从机收到主机传送过来的信号时，通过 VI Reference 来调用回调 VI。当从机收到数据后，调用单个 U16 参数（由主机读取），不返回任何数值，回调 VI 才起作用。在回调 VI 中，延时 VI 不工作，即 Tick Count vis 返回值没递增。此 VI 函数中，串行接收数据可能会丢失，回调 VI 与其他 VI 间的数据交换，必须使用全局中断变量。

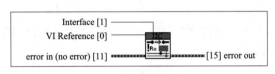

图 6-14　I^{2}C 接收中断配置

VI Reference 中断发生时，回调 VI 的参考引用。

Interface 数据类型是 U8，I^{2}C 端口的参考引用。

12. I^{2}C 请求中断配置（见图 6-15）

I^{2}C Attach Request Interrupt VI（I^{2}C 请求中断配置 VI），当主机向从机请求数据时，通过 VI Reference 来调用回调 VI。当主机请求数据时，没调用任何参数，也不返回任何数值，回调 VI 就已起作用。在回调 VI 中，延时 VI 不工作，即 Tick Count vis 返回值没递增。此 VI 函数中，串行接收数据可能会丢失，回调 VI 与其他 VI 间的数据交换，必须使用全局中断变量。

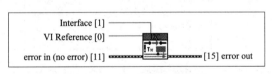

图 6-15　I^{2}C 请求中断配置

VI Reference 中断发生时，回调 VI 的参考引用。

Interface 数据类型是 U8，I^{2}C 端口的参考引用。

三、I^{2}C 应用

1. I^{2}C 连线方法

对于 Arduino UNO 控制板，可以通过将 A4、A5 或者 SCL、SDA 接口一一对应连接来建立 I^{2}C 连接，Arduino 的 I^{2}C 连线如图 6-16 所示。

2. 主机写数据，从机接收数据

（1）主机控制程序。

1）单击执行"帮助"菜单下"查找范例"子菜单命令，打开 NI 范例查找器。

2）单击"范例查找器"左上角的"目录结构"。

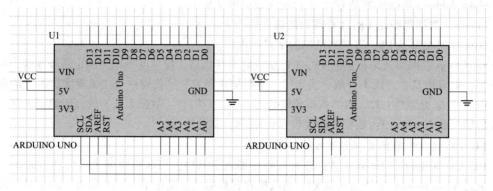

图 6-16　Arduino 的 I²C 连线

3) 在右边的目录选择中，依次双击"Aledyne-TSXperts"→"Arduino Compatible Compiler for LabVIEW"→"I²C"→"subvis"→"Master. vi"选项，即可打开"Master. vi"主机控制 VI。

4) 在主机控制 VI 前面板，单击"窗口"菜单下的"显示程序框图"子菜单命令，即可看到图 6-17 所示的主机控制程序。

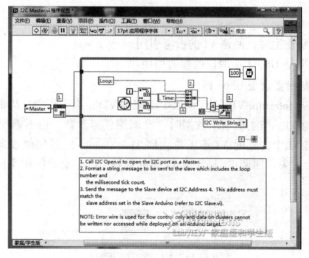

图 6-17　主机控制程序

5) 调用 I²C Open VI , 初始化 I²C 端口（SDA/SCL），作为主机或从机连接到 I²C 总线。

6) 此处 Mode 选择为 Master, 设置主机模式。

7) 在 While 循环中，通过 I²C 字符串写 VI，主机写数据，从机响应。

8) 通过 I²C 字符串写 VI 的 Slave Address 从机地址端口设置 4，设置从机地址 4。

9) 主机传送的数据包括格式化数据 loop 循环次数、ms 定时器的滴答计数值（tick count）等。

（2）从机控制程序。

1) 单击执行"帮助"菜单下"查找范例"子菜单命令，打开 NI 范例查找器。

2) 单击"范例查找器"左上角的"目录结构"。

3) 在右边的目录选择中，依次双击"Aledyne-TSXperts"→"Arduino Compatible Compiler

for LabVIEW"→"I²C"→"subvis"→"Slave. vi"选项，即可打开"Slave. vi"从机控制 VI。

4）在从机控制 VI 前面板，单击"窗口"菜单下的"显示程序框图"子菜单命令，即可看到图 6-18 所示的从机控制程序。

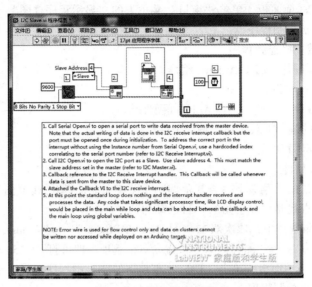

图 6-18　从机控制程序

5）调用打开串口 VI，打开串口，设置串口传输速率为 9600bit/s，设置串口数据格式为 8 位数据、无校验、1 位停止位。

6）调用 I²C Open VI，初始化 I²C 端口（SDA/SCL），作为主机或从机连接到 I²C 总线。

7）此处 Mode 选择为 Slave，设置为从机模式，并设置从机地址为 4。

8）通过 I²C 接收中断配置 VI 配置从机中断，当从机收到主机传送过来的信号时，通过 VI Reference 来调用回调 VI。

9）通过回调 VI 将主机任何时间发送的数据写入从机。

10）通过 While 循环处理从机接收的数据，例如通过 LCD 显示数据，通过全局变量，与主机交换数据等。

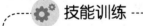　技能训练

一、训练目标

（1）了解 I²C 串口总线结构。
（2）学会利用 I²C 串口总线，进行 Arduino 硬件板之间的数据通信。

二、训练步骤与内容

（1）硬件电路连接。通过 USB 线将 Arduino Uno 控制器连接电脑的 USB 接口。
（2）打开主机控制程序。
1）启动 LabVIE 软件。
2）单击执行"帮助"菜单下"查找范例"子菜单命令，打开 NI 范例查找器。
3）单击"范例查找器"左上角的"目录结构"。

4）在右边的目录选择中，依次双击"Aledyne-TSXperts"→"Arduino Compatible Compiler for LabVIEW"→"I²C"→"subvis"→"Master. vi"选项，即可打开"Master. vi"主机控制 VI。

5）在主机控制 VI 前面板，单击"窗口"菜单下的"显示程序框图"子菜单命令，即可看到图 6-17 所示的主机控制程序。

（3）编译、下载主机控制程序。

1）连接 Arduino 硬件，启动 Arduino 编译器。

2）加载 Master. vi 文件。

3）选择 Arduino 硬件类型，选择 Arduino 硬件端口。

4）单击工具栏的编译下载按钮，编译下载程序。

（4）打开从机控制程序。

1）启动 LabVIE 软件。

2）单击执行"帮助"菜单下"查找范例"子菜单命令，打开 NI 范例查找器。

3）单击"范例查找器"左上角的"目录结构"。

4）在右边的目录选择中，依次双击"Aledyne-TSXperts"→"Arduino Compatible Compiler for LabVIEW"→"I²C"→"subvis"→"Slave. vi"选项，即可打开"Slave. vi"从机控制 VI。

5）在从机控制 VI 前面板，单击"窗口"菜单下的"显示程序框图"子菜单命令，即可看到图 6-18 所示的从机控制程序。

（5）编译、下载从机控制程序。

1）连接 Arduino 硬件，启动 Arduino 编译器。

2）加载 Slave. vi 文件。

3）选择 Arduino 硬件类型，选择 Arduino 硬件端口。

4）单击工具栏的编译下载按钮，编译下载程序。

（6）断开电源，按图 6-16 连接主机、从机的 I²C 串口总线。

（7）接通主机、从机电源，进行 I²C 串口总线通信实验，并观察从机接收的数据。

1）启动 Arduino IDE 软件，选择从机对应的通信端口。

2）打开串口调试器，观察从机接收的数据（见图 6-19）。

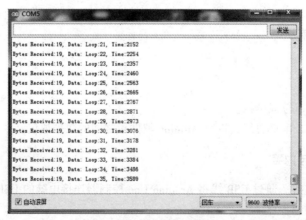

图 6-19　观察从机接收的数据

任务 13　SPI 总线及应用

 基础知识

一、SPI 总线

1. SPI 串口

SPI（Serial Peripheral Interface——串行外设接口）总线系统是一种同步串行外设接口，它可以使 MCU 与各种外围设备以串行方式进行通信以交换信息。

SPI 总线可连接的外围设备包括 FLASHRAM、网络控制器、LCD 显示驱动器、A/D 转换器和 MCU 等。

SPI 总线设备连接如图 6-20 所示。

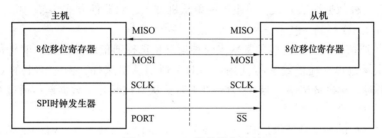

图 6-20　SPI 总线设备连接

SPI 总线系统可直接与各个厂家生产的多种标准外围器件直接接口，该接口一般使用 4 条线：串行时钟线（SCLK）、主机输入/从机输出数据线 MISO、主机输出/从机输入数据线 MOSI 和低电平有效的从机选择线 NSS（有的 SPI 接口芯片带有中断信号线 INT、有的 SPI 接口芯片没有主机输出/从机输入数据线 MOSI）。

2. SPI 同步串行口信号线

SPI 同步串行口由 4 根信号线组成，4 条信号线的功能如下。

（1）MOSI 线。主器件输出和从器件输入线，用于主器件到从器件的串行数据传输。根据 SPI 规范，一个主机可连接多个从机，主机的 MOSI 信号线可连接多个从机，多个从机共享一根 MOSI 信号线。在时钟边界的前半周期，主机将数据放在 MOSI 信号从机在该边界处获取该数据。

（2）MISO 线。主器件输入和从器件输出线，用于实现从器件到主器件的数据传输。根据 SPI 规范，一个主机可连接多个从机，主机的 MISO 信号线可连接多个从机，即多个从机共享一根 MISO 信号线。当主机与一个从机通信时，其他从机应将其 MISO 引脚设置为高阻状态。

（3）SCLK 线。串行时钟信号线是主器件的输出和从器件的输入线，用于同步主器件和从器件之间在 MOS1 和 MISO 线上的串行数据传输。当主器件启动一次数据传输时，自动产生 8 个时钟信号给从机。在 SCLK 的每个跳变处（上升沿或下降沿）移出一位数据，一次传输一个字节的数据。

（4）$\overline{SS}$ 线从机选择信号线，低电平有效，主器件用它来选择处于从模式的 SPI 模块。在主模式下，SPI 接口只能有一个主机，不存在主机选择问题，此时 $\overline{SS}$ 不是必需的。主模式下，主机的$\overline{SS}$引脚通过$10k\Omega$的电阻上拉到高电平。从模式下，主机用一根I/O线连接从机的$\overline{SS}$引脚，并由主机控制$\overline{SS}$的电平高低，以便主机选择从机。在从模式下，$\overline{SS}$信号必须有效。

3. SPI 同步串行口工作模式

SPI接口具有主模式和从模式2种工作方式，主模式下支持3 Mb/s以上的传输速率，还具有传输完成和写冲突标志保护。

对于主模式，若要发送1个字节数据，只要将这个数据写入数据寄存器SPDAT中。主模式下$\overline{SS}$信号不是必需的，但在从模式下，则必须在$\overline{SS}$信号有效并接收到合适的时钟信号后，才能进行数据传输。

从模式下，如果1个字节传输完成后，$\overline{SS}$信号变为高电平，立刻被硬件逻辑标志为接收完成，SPI接口准备接收下一个数据。任何SPI控制寄存器的改变都将复位SPI接口，并清0相关寄存器。

4. SPI 同步串口的通信方式

SPI接口有三种数据通信方式：单主机—单从机方式、双器件方式、单主机—多从机方式。

5. Arduino UNO 板的 SPI 引脚

在SPI主从通信模式中，主机负责输出时钟信息机选择通信的从设备。时钟信号一般通过主机的SCLK引脚输出，提供给从机使用。而对于通信从机选择，由主机上的CS引脚决定，当CS为低电平时，从机被选中，当CS为高电平时，从机被断开。数据通信通过MOSI和MISO进行。

Arduino UNO板的SPI引脚包括CS（引脚10）、SCLK（引脚11）、MISO（引脚12）、MOSI（引脚13）。

6. SPI 的从设备选择

在大多数情况下Arduino都是作为主机使用的，并且Arduino的SPI类库没有提供Arduino作为从机的API。如果在一个SPI总线上连接了多个SPI从设备，那么在使用某一从设备时，需要将该从设备的CS引脚拉低，以选中该设备；并且需要将其他从设备的CS引脚拉高，以释放这些暂时未使用的设备。在每次切换连接不同的从设备时，都需要进行这样的操作来选择从设备。

需要注意的是，虽然SS引脚只有在作为从机时才会使用，但即使不使用SS引脚，也需要将其保持为输出状态，否则会造成SPI无法使用的情况。

二、SPI 选板

1. Arduino LabVIEW 的 SPI 选板（见图6-21）

SPI选板APIs针对相连此端口的传感器和器件，这些VIs只支持主机模式访问SPI外设。

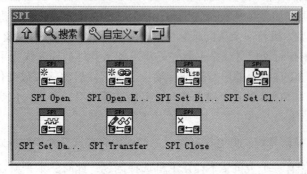

图6-21　SPI 选板

2. SPI 打开（见图 6-22）

SPI Open VI（SPI 打开 VI），通过设置 SCK、MOSI 和 SS 引脚成输出，将 SCK 和 MOSI 引脚电平拉低，SS 引脚电平拉高，来初始化 SPI 总线，本 API 只支持主模式，AVR 板 CS Pin 在 SPI 传输中可配置任意数字 I/O 引脚作为输出，Arduino Due 板 CS Pin 的配置直接由 SPI 接口管理，必须是允许中的引脚，一旦配置了就不能再作为通用 I/O 口，除非调用此引脚对应的 SPI Close.vi。Arduino Due 板允许配置成 CS Pin 的只有 4、10、52 和 54（对应 A0）。

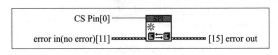

图 6-22　SPI 打开

CS Pin 数据类型是 U8，指定 Arduino 从机片选引脚，而 Arduino Due 板支持多个 CS 引脚。

error in 错误信息输入。

error out 错误信息输出。

3. SPI 快速打开（见图 6-23）

SPI Open Express VI（SPI 快速打开 VI），快速启用 SPI 总线。

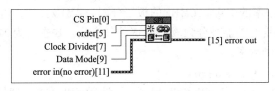

图 6-23　SPI 快速打开

CS Pin 数据类型是 U8，指定 Arduino 从机片选引脚，而 Arduino Due 板支持多个 CS 引脚。

order 数据类型是枚举型，指定 SPI 总线的移位次序，要么 LSB（最低位）领先，或 MSB（最高位）领先。

Clock Divider 数据类型是 U8。AVR 板子设定如下，0：4 分频；1：16 分频；2：64 分频；3：128 分频；4：2 分频；5：8 分频；6：32 分频；缺省为 0（4 分频），即 SPI 的时钟频率是系统时钟频率的 1/4（16MHz 的板子分配为 4MHz）。Arduino Due 板的系统时钟能被分频成 1~255 的任意值，缺省值为 21，即设定为跟其他 Arduino 板子一样的 4MHz 的频率。

Data Mode 数据类型是枚举型，SPI 的数据模式指定了时钟的极性和相位。

4. SPI 设置移位次序（见图 6-24）

SPI Set Bit Order VI（设定 SPI 总线的移位次序），LSB（最低位）领先，或 MSB（最高位）领先，Arduio Due 板的移位次序由连接到 CS Pin 的引脚来指定。

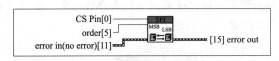

图 6-24　SPI 设置移位次序

CS Pin 数据类型是 U8，指定 Arduino 从机片选引脚，而 Arduino Due 板支持多个 CS 引脚。

order 数据类型是枚举型，指定 SPI 总线的移位次序，LSB（最低位）领先，或 MSB（最高位）领先。

5. SPI 设置时钟分频（见图 6-25）

SPI Set Clock Divider VI（设定 SPI 对应系统时钟的分频），设定 SPI 对应系统时钟的分频系数。AVR 板子设定如下。①0：4 分频；②1：16 分频；③2：64 分频；④3：128 分频；⑤4：2 分频；⑥5：8 分频；⑦6：32 分频。缺省为 0（4 分频），即 SPI 的时钟频率是系统时钟频率的 1/4（16MHz 的板子分配为 4MHz）。

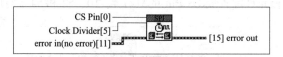

图 6-25　SPI 设置时钟分频

Arduino Due 板：系统时钟能被分频成 1~255 的任意值，缺省值为 21，即设定为跟其他 Arduino 板子一样的 4MHz 的频率。

Arduino Due 板时钟分频设定应用只对应特定连接到 CS Pin 的引脚。

CS Pin 数据类型是 U8，指定 Arduino 从机片选引脚，而 Arduino Due 板支持多个 CS 引脚。

Clock Divider 数据类型是 U8，AVR 板子设定如下。①0：4 分频；②1：16 分频；③2：64 分频；④3：128 分频；⑤4：2 分频；⑥5：8 分频；⑦6：32 分频。缺省为 0（4 分频），即 SPI 的时钟频率是系统时钟频率的 1/4（16MHz 的板子分配为 4MHz）。

Arduino Due 板：系统时钟能被分频成 1~255 的任意值，缺省值为 21，即设定为跟其他 Arduino 板子一样的 4MHz 的频率。

6. SPI 设置数据模式（见图 6-26）

SPI Set Data Mode VI（设定 SPI 数据模式），设置 SPI 的相关时钟极性和相位。针对 Arduino Due 板，跟连接指定的 CS Pin 有关。

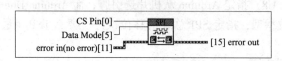

图 6-26　SPI 设置数据模式

CS Pin 数据类型是 U8，指定 Arduino 从机片选引脚，而 Arduino Due 板支持多个 CS 引脚。

Data Mode 数据类型是枚举型，SPI 的数据模式指定了时钟极性和相位。

7. SPI 数据传输（见图 6-27）

SPI Transfer VI（SPI 数据传输 VI），通过 SPI 总线传输一个字节数据，发送接收同步。所有 Arduino 板在数据传输时，CS Pin 引脚激活（拉低），数据传输发生之前和数据传输完成时 CS Pin 引脚不被激活（拉高）。从机选择线拉低后，通知 SPI 传输数据有个 5ms 的自动延时，能使用 Transfer Mode 参数来管理传输完成后的从机选择线电平，低电平表示持续传输另一字节数据内容，高电平表示全部数据传送完成。

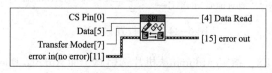

图 6-27　SPI 数据传输

CS Pin 数据类型是 U8，指定 Arduino 从机片选引脚，而 Arduino Due 板支持多个 CS 引脚。

低电平时数据传输才有效。

Data 数据类型是 U8，通过 SPI 总线传输单字节数据。

Transfer Mode 数据类型是枚举型，数据传输完后，要么保留 CS 引脚持续拉低，要么拉高。

Data Read 数据类型是 U8，SPI 总线数据传输中，读取到的单个字节内容。

8. SPI 关闭（见图 6-28）

SPI Close VI（禁用 SPI 总线 VI），释放设置的引脚模式，对于 Arduino Due 板 CS 引脚可作为通用 I/O 口，其他 AVR 板，该引脚输入没影响。

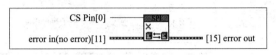

图 6-28　SPI 关闭

CS Pin 数据类型是 U8，指定 Arduino 从机片选引脚，而 Arduino Due 板支持多个 CS 引脚。

三、SPI 总线应用

1. SPI 测温电路（见图 6-29）

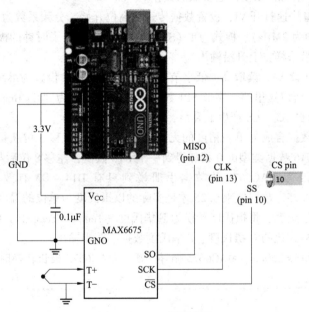

图 6-29　SPI 测温电路

2. SPI 控制程序

（1）单击执行"帮助"菜单下"查找范例"子菜单命令，打开 NI 范例查找器。

（2）单击"范例查找器"左上角的"目录结构"。

（3）在右边的目录选择中，依次双击"Aledyne - TSXperts"→"Arduino Compatible Compiler for LabVIEW"→"SPI"→"MAX6675 Thermocouple to Digital Converter. vi"选项，即可打开"MAX6675 Thermocouple to Digital Converter. vi" MAX6675 摄氏温度转数字 VI。

（4）在 MAX6675 摄氏温度转数字 VI 的前面板，单击"窗口"菜单下的"显示程序框图"子菜单命令，即可看到图 6-30 所示的 SPI 测温控制程序框图。

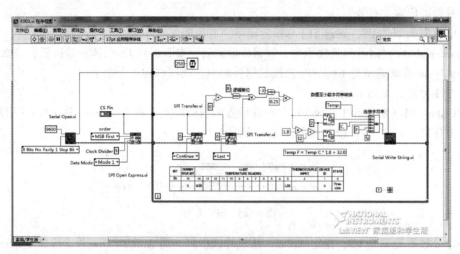

图 6-30   SPI 测温控制程序框图

1）调用打开串口 VI，设置串口通信波特率为 9600，设置数据格式为 8 位、无校验、1 位停止模式。打开一个串口，以便传送获取的数据。

2）调用 SPI 串口快速打开 VI，设置数据传送从高位开始、分频系数为 5（即 8 分频，对于 16MHz 晶振频率分频为 2MHz）、模式为 1（SPI 的数据模式指定了时钟的极性和相位，COPL＝1，CPHA＝0，下降沿采样，上升沿输出）。

3）通过 2 个 SPI 读 VI，读取高、低字节数据，高字节读 VI 设置为继续，确保 2 字节传输中片选脚保持低位，所以这里第一字节 SPI 数据传输模式设置为 "Continue" 继续，低字节读设置为 LAST，读数据完成，CS 产生上升沿，说明数据读取完毕。

4）将 2 字节的数据合成为单一精度的无符号整形数据，右移 3 位获得摄氏温度值。首先将高位字节数据与 U16 数据类型的 0 相加得到一个 U16 数值，左移 8 位后与低位字节数据相异或，再右移 3 位（因为 MAC6675 的数据手册说到只有 D14 ~ D3 有效）。乘 0.25 是因为 MAC6675 分辨率是 0.25，数据值乘 0.25 才是实际的以摄氏度为单位的温度数据。

5）通过复合数学运算，将摄氏度转换为 F 华氏度（TempF＝TempC×1.8+32.0）。

6）通过串口将格式化的 C 摄氏度、F 华氏度数据字符串输出。

7）无限循环，每隔 250ms，MAC6675 循环一次（MAC6675 最长转换时间是 220ms）。

 技能训练

一、训练目标

（1）了解 SPI 串口总线。

（2）学会利用 SPI 串口总线，进行测温控制。

二、训练步骤与内容

（1）硬件电路连接。

1）按图 6-29，连接 MAX6675 测温控制电路。

2）通过 USB 线将 Arduino Uno 控制器连接电脑的 USB 接口。

（2）打开主机控制程序。

1）启动 LabVIE 软件。

2）单击执行"帮助"菜单下"查找范例"子菜单命令，打开 NI 范例查找器。

3）单击"范例查找器"左上角的"目录结构"。

4）在右边的目录选择中，依次双击"Aledyne-TSXperts"→"Arduino Compatible Compiler for LabVIEW"→"I^{2}C"→"subvis"→"Master. vi"选项，即可打开"Master. vi"主机控制 VI。

5）在主机控制 VI 前面板，单击"窗口"菜单下的"显示程序框图"子菜单命令，即可看到图 6-30 所示的 SPI 测温控制程序框图。

（3）编译、下载主机控制程序。

1）连接 Arduino 硬件，启动 Arduino 编译器。

2）加载 MAX6675 Thermocouple to Digital Converter. vi 文件

3）选择 Arduino 硬件类型，选择 Arduino 硬件通信端口。

4）单击工具栏的编译下载按钮，编译下载程序。

5）启动 Arduino IDE 编程软件，选择 Arduino 硬件通信端口，打开串口调试器。

6）通过串口调试器，观测串口接收的数据。

习题 6

1. 编写 Arduino 控制程序，利用 I^{2}C 总线技术，主机发送数字 1、2 来控制从机的 LED 亮与灭。

2. 编写 Arduino 控制程序，利用 SPI 技术和 74HC595 控制 8 只 LED 指示灯循环逐个点亮与循环逐个熄灭。

项目七 LCD 驱 动

学习目标

（1）了解液晶 LCD1602。
（2）应用 LCD1602 显示数据。
（3）学会用液晶 LCD1602 制作数字电压表。

任务 14　驱动 LCD1602

基础知识

一、液晶显示器（见图 7-1）

液晶显示器在工程中的应用极其广泛，大到电视，小到手表，从个人到集体，再从家庭到广场，液晶的身影无处不在。别看液晶表面的鲜艳，其实它背后有一个支持它的控制器，如果没有控制器，液晶什么都显示不了。

图 7-1　液晶显示器

液晶（Liquid Crystal）是一种高分子材料，因为其特殊的物理、化学、光学特性，20 世纪中叶开始广泛应用在轻薄型显示器上。液晶显示器（Liquid Crystal Display，LCD）的主要原理是以电流刺激液晶分子产生点、线、面并配合背光灯管构成画面。为简述方便，通常把各种液晶显示器都直接叫作液晶。

各种型号的液晶通常是按照显示字符的行数或液晶点阵的行、列数来命名的，例如，1602 的意思是每行显示 16 个字符，一共可以显示两行。类似的命名还有 1601、0802 等，这类液晶通常都是字符液晶，即只能显示字符，如数字、大小写字母、各种符号等；12864 液晶属于图形型液晶，它的意思是液晶有 128 列、64 行组成，即 128×64 个点（像素）来显示各种图形，这样就可以通过程序控制这 128×64 个点（像素）来显示各种图形。类似的命名还有 12832、19264、16032、240128 等，当然，根据客户需求，厂家还可以设计出任意组合的点阵液晶。

1. 1602 液晶显示屏的工作原理

（1）1602 液晶显示屏工作电压为 5V，内置 192 种字符（160 个 5×7 点阵字符和 32 个 5×10 点阵字符），具有 64 个字节的 RAM，通信方式有 4 位、8 位两种并口可选。1602 液晶显示器如图 7-2 所示。

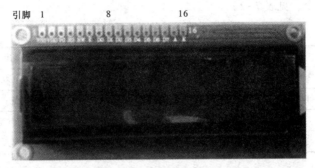

图 7-2　1602 液晶显示器

（2）1602 液晶的端口定义见表 7-1。

表 7-1　　　　　　　　　　　　　　　　　　1602 液晶的端口定义表

管脚号	符号	功能
1	Vss	电源地（GND）
2	Vdd	电源电压（+5V）
3	VO	LCD 驱动电压（可调）一般接一电位器来调节电压
4	RS	指令、数据选择端（RS=1→数据寄存器；RS=0→指令寄存器）
5	R/W	读、写控制端（R/W=1→读操作；R/W=0→写操作）
6	E	读写控制输入端（读数据：高电平有效；写数据：下降沿有效）
7～14	DB0～DB7	数据输入/输出端口（8 位方式：DB0～DB7；4 位方式：DB0～DB3）
15	A	背光灯的正端+5V
16	K	背光灯的负端0V

（3）RAM 地址映射图，控制器内部带有 80×8 位（80 字节）的 RAM 缓冲区，如图 7-3 所示。

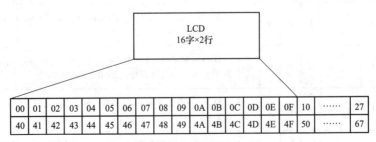

图 7-3　RAM 地址映射图

1）两行的显示地址分别为：00~0F、40~4F，隐藏地址分别为10~27、50~67。意味着写在（00~0F、40~4F）地址的字符可以显示，（10~27、50~67）地址的不能显示，若要显示，一般通过移屏指令来实现。

2）RAM通过数据指针来访问。液晶内部有个数据地址指针，因而就能很容易地访问内部80个字节的内容了。

（4）操作指令。

1）基本操作指令，见表7-2。

表7-2 　　　　　　　　　　　　　　　**基本操作指令表**

读写操作	输入	输出
读状态	RS=L，RW=H，E=H	D0~D7（状态字）
写指令	RS=L，RW=L，D0~D7=指令，E=高脉冲	无
读数据	RS=H，RW=H，E=H	D0~D7（数据）
写数据	RS=H，RW=L，D0~D7=数据，E=高脉冲	无

2）状态字分布见表7-3。

表7-3 　　　　　　　　　　　　　　　**状态字分布表**

STA7 D7	STA6 D6	STA5 D5	STA4 D4	STA3 D3	STA2 D2	STA1 D1	STA0 D0
读/写			当前地址指针的数值				

STA0~STA6：当前地址指针的数值

STA7：读/写操作使能，1：禁止　0：使能

对控制器每次进行读写操作之前，都必须进行读写检测，确保STA7为0，也即一般程序中见到的判断忙操作。

3）常用指令见表7-4。

表7-4 　　　　　　　　　　　　　　　**常用指令表**

指令名称	D7	D6	D5	D4	D3	D2	D1	D0	功能说明
清屏	L	L	L	L	L	L	L	H	①数据指针清零；②所有显示清零
归位	L	L	L	L	L	L	H	*	AC=0，光标、画面回HOME位
输入方式设置	L	L	L	L	L	H	ID	S	ID=1→AC自动增一；ID=0→AC减一；S=1→画面平移；S=0→画面不动
显示开关控制	L	L	L	L	H	D	C	B	D=1→显示开；D=0→显示关；C=1→光标显示；C=0→光标不显示；B=1→光标闪烁；B=0→光标不闪烁
移位控制	L	L	L	H	SC	RL	*	*	SC=1→画面平移一个字符；SC=0→光标；R/L=1→右移；R/L=0→左移
功能设定	L	L	H	DL	N	F	*	*	DL=0→8位数据接口；DL=1→4位数据接口；N=1→两行显示；N=0→一行显示；F=1→5×10点阵字符；F=0→5×7

（5）数据地址指针设置见表7-5。

表7-5 数据地址指针设置表

指令码	功能（设置数据地址指针）
0x80+（0x00~0x27）	将数据指针定位到：第一行（某地址）
0x80+（0x40~0x67）	将数据指针定位到：第二行（某地址）

（6）写操作时序图（见图7-4）。

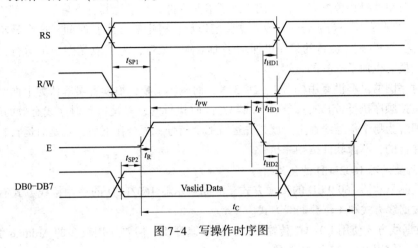

图7-4 写操作时序图

时序参数见表7-6。

表7-6 时序参数表

时序名称	符号	极限值			单位	测试条件
		最小值	典型值	最大值		
E 信号周期	t_C	400	—	—	ns	引脚 E
E 脉冲宽度	t_{PW}	150	—	—	ns	
E 上升沿/下降沿时间	t_R，t_F	—	—	25	ns	
地址建立时间	t_{SP1}	30	—	—	ns	引脚
地址保持时间	t_{HD1}	10	—	—	ns	E、RS、R/W
数据建立时间	t_{SP2}	40	—	—	ns	引脚
数据保持时间	t_{HD2}	10	—	—	ns	DB0~DB7

　　液晶一般是用来显示的，所以这里主要讲解如何写数据和写命令到液晶。时序图与时间有关、顺序有关，时序图是与信号在时间上的有效顺序有关，而与图中信号线是上是下没关系。程序运行是按顺序执行的，可是这些信号是并行执行的，就是说只要这些时序有效之后，上面的信号都会运行，只是运行与有效不同，因而这里的有效时间不同就导致了信号的时间顺序不同。厂家在做时序图时，一般会把信号按照时间的有效顺序从上到下的排列，所以操作的顺序也就变成了先操作最上边的信号，接着依次操作后面的。结合上述讲解，来详细说明一下图7-4写操作时序图。

　　● 通过 RS 确定是写数据还是写命令。写命令包括数据显示在什么位置、光标显示/不显示、光标闪烁/不闪烁、需/不需要移屏等。写数据是指要显示的数据是什么内容。若此时要写指令，结合表7-6和图7-4可知，就得先拉低RS（RS＝0）。若是写数据，那就是RS＝1。

● 读/写控制端设置为写模式，那就是RW＝0。注意，按道理应该是先写一句RS＝0（1）之后延迟t_{SP1}（最小30ns），再写RW＝0，可单片机操作时间都在μs级，所以就不用特意延迟了。

● 将数据或命令送达到数据线上。形象的可以理解为此时数据在单片机与液晶的连线上，没有真正到达液晶内部。事实肯定并不是这样，而是数据已经到达液晶内部，只是没有被运行罢了，执行语句为P0＝Data（Commond）。

● 给EN一个下降沿，将数据送入液晶内部的控制器，这样就完成了一次写操作。形象地理解为此时单片机将数据完完整整的送到了液晶内部。为了让其有下降沿，一般在P0＝Data（Commond）之前先写一句EN＝1，待数据稳定以后，稳定需要多长时间，这个最小的时间就是图中的t_{PW}（150ns）。流行的程序里面加了DelayMS（5），为了液晶能稳定运行，作者在调试程序时，最后也加了5ms的延迟。

上面时序图的讲解没有用标号1、2、3等，而是用了●，怕读者误解认为上面时序图中的时序线条是按顺序执行，其实每条时序线都是同时执行的，只是每条时序线有效的时间不同。一定不要理解为哪个信号线在上，就是先运行那个信号，哪个在下面，就是后运行，因为硬件的运行是并行的，不像软件按顺序执行。

2. 液晶显示器1602LCD的使用

（1）液晶显示器1602LCD的接线方式。液晶显示器1602LCD的通用接线方式有两种，分别是8位数据线方式和4位数据线方式。

8位数据线方式使用D0~D7传输数据，传输速度快，但要使用较多的Arduino引脚，4位数据线方式，使用D4~D7传输数据。

液晶显示器1602LCD通过一个I^2C转换电路可以I^2C的方式与Arduino Uno连接。

（2）液晶显示器1602LCD的电路连接（见图7-5）。

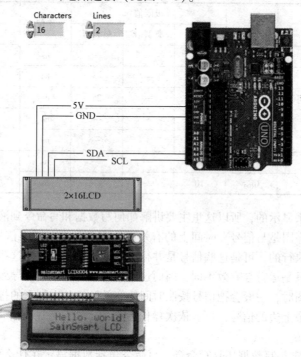

图7-5　1602LCD的电路连接

液晶显示器 1602LCD 的 SDA、SCL 分别连接 Arduino Uno 的 A4（SDA）、A5（SCL）。

二、I²C LCD 选板

1. Arduino LabVIEW 的 I²C LCD 选板（见图 7-6）

Arduino LabVIEW 的 I²C LCD 选板包含 APIs 的 I²C LCD 选板 VI，Arduino 控制器与 sainsmart LCD 必须通过 I²C 两线数字引脚接口相连，才可使用这些 VIs 写数据。

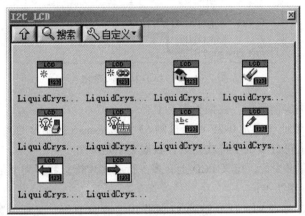

图 7-6 I²C LCD 选板

2. I²C LCD 初始化（见图 7-7）

LiquidCrystal_ I²C VI（I²C LCD 初始化 VI），初始化 LCD 使用参数。

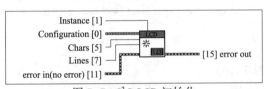

图 7-7 I²C LCD 初始化

Instance 是 LCD 类实例引用，数据类型是 U8。如果只使用了一个 LCD，应该被设置为 0，从而创建了 LiquidCrystalI²C 类的一个实例。这个类是特定于 sainsmart LCD2004 控制器。

Configuration I²C LCD 控制器配置。

Addr 使用的 I²C 地址（通常 0x3F 或十进制 63 为 Sainsmart 控制器的），数据类型是 U8。

ENPin 连接到 LCD 上的使能引脚，控制器的引脚数字，数据类型是 U8。

RWPin 连接到 LCD 上的 RW 引脚，控制器的引脚数字，数据类型是 U8。

RSPin 连接到 LCD 上的 RS 引脚，控制器的引脚数字，数据类型是 U8。

D4Pin 连接到 LCD 上的相应数据管脚，控制器的引脚数字。LCD 只能使用 4 位模式通过四个数据线控制的（D4、D5、D6、D7），数据类型是 U8。

D5Pin 连接到 LCD 上的相应数据管脚，控制器的引脚数字。LCD 只能使用 4 位模式通过四个数据线控制的（D4、D5、D6、D7），数据类型是 U8。

D6Pin 连接到 LCD 上的相应数据管脚，控制器的引脚数字。LCD 只能使用 4 位模式通过四个数据线控制的（D4、D5、D6、D7），数据类型是 U8。

D7Pin 连接到 LCD 上的相应数据管脚，控制器的引脚数字。LCD 只能使用 4 位模式通过四个数据线控制的（D4、D5、D6、D7），数据类型是 U8。

Chars 定义 LCD 上每行多少字符或列数，数据类型是 U16。

Lines 定义 LCD 上有多少行或多少排，数据类型是 U16。

3. I^2C LCD 快速初始化（见图 7-8）

LiquidCrystal_ I^2C Express VI（I^2C LCD 快速初始 VI），初始化使用 I^2C LCD 参数。

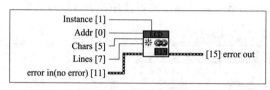

图 7-8 I^2C LCD 快速初始化

Instance 是 LCD 类实例引用，数据类型是 U8。

Addr 使用的 I^2C 地址（通常 0x3F 或十进制 63 为 Sainsmart 控制器的），数据类型是 U8。

Chars 定义 LCD 上每行多少字符或列数，数据类型是 U16。

Lines 指定 LCD 有多少行，定义 LCD 上有多少行或多少排，数据类型是 U16。

4. LCD 清屏（见图 7-9）

LiquidCrystal_ I^2C clear VI，LCD 清屏 VI 的作用是清 LCD 屏，光标位置左上角。

Instance 是 LCD 类实例引用，如果只使用了一个 LCD，那么这应该被设置为 0。

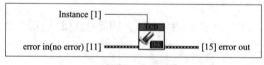

图 7-9 LCD 清屏

5. LCD 原点位（见图 7-10）

LiquidCrystal_ I^2C home VI，I^2C LCD 原点位 VI。

Instance 是 LCD 类实例引用，数据类型是 U8。

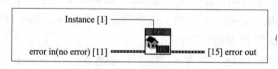

图 7-10 I^2C LCD 原点位

6. LCD 背光设置（见图 7-11）

LiquidCrystal_ I^2C set backlight VI，I^2C LCD 背光设置 VI。

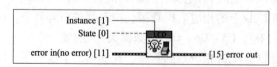

图 7-11 I^2C LCD 背光设置

Instance 是 LCD 类实例引用，数据类型是 U8。

State 设定背光的 on/off 状态，数据类型是布尔型 TF。

7. LCD 背光引脚设置（见图 7-12）

LiquidCrystal_ I^{2}C set backlight pin VI，LCD 背光引脚设置 VI。

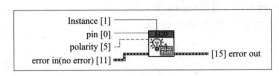

图 7-12　I^{2}C LCD 背光引脚设置

Instance 是 LCD 类实例引用，数据类型是 U8。

pin 定义哪个背光引脚连线到 LCD 模块，默认情形下 pin 应该设置为 3，数据类型是 U16。

polarity 定义背光引脚的极性，数据类型是布尔型 TF，而 Sainsmart I^{2}C LCD 模块的极性通常为 false。

8. LCD 光标设置（见图 7-13）

LiquidCrystal_ I^{2}C set cursor VI，LCD 光标设置 VI。本 VI 指定 LCD 的光标位置，也就是设置写到 LCD 屏上的文本字符显示位置，具体放在指定的 character 和 line。Instance 是 LCD 类实例引用，数据类型是 U8。

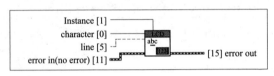

图 7-13　I^{2}C LCD 光标设置

character 在 LCD 上放置文本字符的偏移位置，数据类型是 U16。

line 在 LCD 上放置文本字符的行位置，数据类型是 U16。

9. LCD 卷回左端（见图 7-14）

LiquidCrystal_ I^{2}C scroll left VI，LCD 卷回左端 VI。显示内容（文本和光标）卷回到屏左端呈空格。

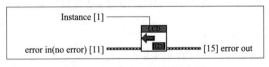

图 7-14　I^{2}C LCD 卷回左端

Instance 是 LCD 类实例引用，数据类型是 U8。

10. LCD 卷回右端（见图 7-15）

LiquidCrystal_ I^{2}C scroll right VI，LCD 卷回右端 VI。显示内容（文本和光标）卷回到屏右端呈空格。

Instance 是 LCD 类实例引用，数据类型是 U8。

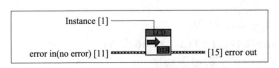

图 7-15　I^{2}C LCD 卷回右端

11. LCD 写 I8 数据（见图 7-16）

LiquidCrystal_ I^2C write I8 VI，LCD 写 I8 数据 VI。

Instance 是 LCD 类实例引用，数据类型是 U8。

Data 写到 LCD 屏上的数值，数据类型是 I8。

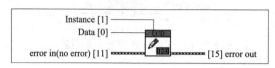

图 7-16　I^2C LCD 写 I8 数据

12. LCD 写 I16 数据（见图 7-17）

LiquidCrystal_ I^2C write I16 VI，LCD 写 I16 数据。

Instance 是 LCD 类实例引用，数据类型是 U8。

Data 写到 LCD 屏上的数值，数据类型是 I16。

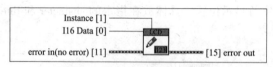

图 7-17　I^2C LCD 写 I16 数据

13. LCD 写 I32 数据（见图 7-18）

LiquidCrystal_ I^2C write I32 VI，LCD 写 I32 数据 VI。

Instance 是 LCD 类实例引用，数据类型是 U8。

Data 写到 LCD 屏上的数值，数据类型是 I32。

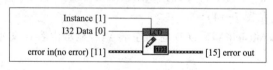

图 7-18　I^2C LCD 写 I32 数据

14. LCD 写 U8 数据（见图 7-19）

LiquidCrystal_ I^2C write U8 VI，LCD 写 U8 数 VI。

Instance 是 LCD 类实例引用，数据类型是 U8。

Data 写到 LCD 屏上的数值，数据类型是 U8。

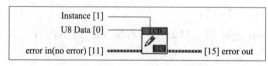

图 7-19　I^2C LCD 写 U8 数据

15. LCD 写 U16 数据（见图 7-20）

LiquidCrystal_ I^2C write U16 VI，LCD 写 U16 数 VI。

Instance 是 LCD 类实例引用，数据类型是 U8。

Data 写到 LCD 屏上的数值，数据类型是 U16。

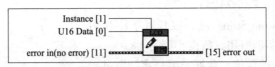

图 7-20 I²C LCD 写 U16 数据

16. LCD 写 U32 数据（见图 7-21）

LiquidCrystal_ I²C write U32 VI，LCD 写 U32 数 VI。

Instance 是 LCD 类实例引用，数据类型是 U8。

Data 写到 LCD 屏上的数值，数据类型是 U32。

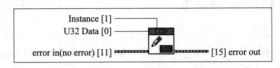

图 7-21 I²C LCD 写 U32 数据

17. LCD 写单精度浮点数（见图 7-22）

LiquidCrystal_ I²C write Single VI，LCD 写单精度浮点数 VI。

Instance 是 LCD 类实例引用，数据类型是 U8。

Data 写到 LCD 屏上的数值，数据类型是 SGL。

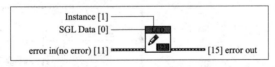

图 7-22 I²C LCD 写单精度浮点数

18. LCD 写双精度浮点数（见图 7-23）

LiquidCrystal_ I²C write Double VI，LCD 写双精度浮点数 VI。

Instance 是 LCD 类实例引用，数据类型是 U8。

Data 写到 LCD 屏上的数值，数据类型是 DBL。

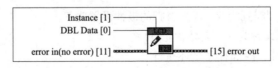

图 7-23 I²C LCD 写双精度浮点数

19. LCD 写布尔值（见图 7-24）

LiquidCrystal_ I²C write Boolean VI，LCD 写布尔值 VI。

Instance 是 LCD 类实例引用，数据类型是 U8。

Data 写到 LCD 屏上的数值，数据类型是布尔型 TF。

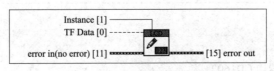

图 7-24 I²C LCD 写布尔值

20. LCD 写字符串（见图 7-25）

LiquidCrystal_ I^2C write String VI，LCD 写字符串 VI。

Instance 是 LCD 类实例引用，数据类型是 U8。

Data 写到 LCD 屏上的数值，数据类型是字符串 abc。

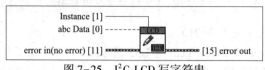

图 7-25　I^2C LCD 写字符串

三、液晶显示器 LCD1602 的应用

1. 静态显示控制要求

让 LCD1602 液晶显示器第 1、2 行分别显示 "Welcome You"、"I love Arduino"。

2. 控制程序（见图 7-26）

（1）调用 I^2C LiquidCrystal_ I^2C VI 初始化 VI 对 LCD 进行初始化设置，设置 LCD 地址，配置 I^2C 转换电路引脚。

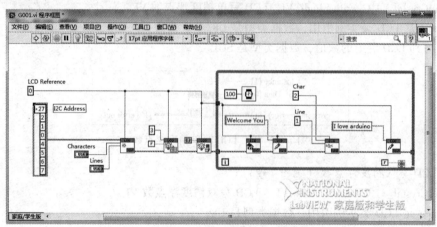

图 7-26　1602LCD 静态显示程序

（2）LCD 背光灯引脚配置为 3，背光引脚的极性设置为 F。

（3）调用 LCD 背光设置为 T，点亮背光灯。

（4）添加 While 循环，内部程序循环执行。

（5）调用 LCD 原点位设置 VI，设置光标回原点。

（6）调用 LCD 写字符串 VI，第 1 行输出 "Welcome You"。

（7）调用 LCD 光标设置 VI，设置光标位置为第 2 行第 3 列。

（8）调用 LCD 写字符串 VI，第 2 行输出 "I love Arduino"。

（9）调用 ms 延时 VI，使循环执行程序延时 100ms。

 技能训练

一、训练目标

（1）了解液晶显示器 LCD1602。

（2）学会用 Arduino 控制液晶显示器 LCD1602。

二、训练步骤与内容

（1）硬件电路连接。

1）液晶显示器 LCD1602 以 I^2C 的形式连接 Arduino Uno 控制器。

2）通过 USB 线将 Arduino Uno 控制器连接电脑的 USB 接口。

（2）设计控制程序。

1）启动 LabVIE 软件。

2）新建 1 个 VI，另存为 G001.vi。

3）前面板对象设置。

4）后面板程序设置。

a）调用 I^2C LiquidCrystal_ I^2C VI 初始化 VI 对 LCD 进行初始化设置，设置 LCD 地址，配置 I^2C 转换电路引脚。

b）LCD 背光灯引脚配置为 3，背光引脚的极性设置为 F。

c）调用 LCD 背光设置为 T，点亮背光灯。

d）添加 While 循环，内部程序循环执行。

e）调用 LCD 原点位设置 VI，设置光标回原点。

f）调用 LCD 写字符串 VI，第 1 行输出 "Welcome You"。

g）调用 LCD 光标设置 VI，设置光标位置为第 2 行第 6 列。

h）调用 LCD 写字符串 VI，第 2 行输出 "I love Arduino"。

i）调用 ms 延时 VI，使循环执行程序延时 100ms。

（3）下载调试。

1）连接 Arduino 硬件，启动 Arduino 编译器。

2）加载 G001.vi 文件。

3）选择 Arduino 硬件类型，选择 Arduino 硬件端口。

4）单击工具栏的编译下载按钮，编译下载程序。

5）观察 LCD 显示，显示参考结果见图 7-27。

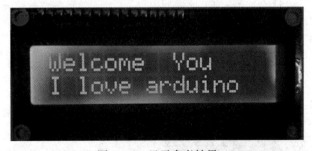

图 7-27 显示参考结果

6）修改 LCD 字符串显示位置和内容，重新编译、下载，观察显示结果。

任务 15　制作 LCD 电压表

 基础知识

一、电压表

电压表是检测电压的仪表。电路正常工作时，电路中各点的工作电压都有一个相对稳定的正常值或动态变化的范围。如果电路中出现开路故障、短路故障或元器件性能参数发生改变时，该电路中的工作电压也会跟着发生改变。所以电压测量就能通过检测电路中某些关键点的工作电压有或者没有、偏大或偏小、动态变化是否正常，然后根据不同的故障现象，结合电路的工作原理进行分析，找出故障的原因。

本项目介绍如何利用 LCD 进行电压的测量。

二、制作 LCD 电压表

1. LCD 电压表电路（见图 7-28）

本项目采用 LCD 的 I^2C 驱动接法，Arduino UNO 控制板的引脚 A4、引脚 A5 与 LCD 的 SDA、SCL 连接，Arduino UNO 控制板的引脚 A0 接被测电压输入端。

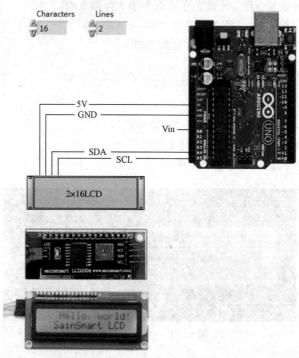

图 7-28　LCD 电压表电路

2. LCD 电压表控制程序

（1）LCD 电压表前面板对象设置（见图 7-29）。前面板设置 3 个数据输入对象，分别为 Characters、Lines 和 Vin Pin。

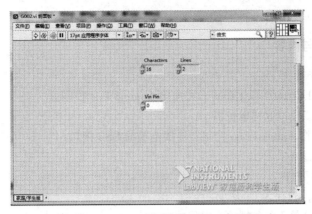

图 7-29　8 LCD 电压表前面板对象设置

（2）LCD 电压表后面板程序设计（见图 7-30）。

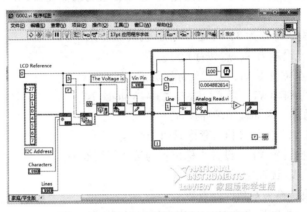

图 7-30　LCD 电压表后面板对象设置

1）调用 I²C LiquidCrystal_ I²C VI 初始化 VI 对 LCD 进行初始化设置，设置 LCD 地址，配置 I²C 转换电路引脚。

2）LCD 背光灯引脚配置为 3，背光引脚的极性设置为 F。

3）调用 LCD 背光设置为 T，点亮背光灯。

4）调用 LCD 原点位设置 VI，设置光标回原点。

5）调用 LCD 写字符串 VI，第 1 行输出 "The Voltage is"。

6）添加 While 循环，内部程序循环执行。

7）调用 ms 延时 VI，使循环执行程序延时 100ms。

8）调用 LCD 光标设置 VI，设置光标位置为第 2 行第 6 列。

9）调用模拟量读 VI 读取输入电压值。

10）将输入电压值转换为双精度浮点数。

11）调用 LCD 写双精度浮点数 VI，输出电压数据到 LCD。

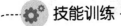 技能训练

一、训练目标

（1）了解模拟输入读取 I²C 液晶显示的组合应用。

（2）学会制作 LCD 电压表。

二、训练步骤与内容

（1）硬件电路连接。

1）液晶显示器 LCD1602 以 I²C 的形式连接 Arduino Uno 控制器。

2）模拟输入连接模拟取样电位器。

3）通过 USB 线将 Arduino Uno 控制器连接电脑的 USB 接口。

（2）设计控制程序。

1）启动 LabVIE 软件

2）新建 1 个 VI，另存为 G002. vi。

3）前面板对象设置 3 个数据输入对象，分别为 Characters、Lines 和 Vin Pin。

4）后面板程序设置。

a）调用 I²C LiquidCrystal_ I²C VI 初始化 VI 对 LCD 进行初始化设置，设置 LCD 地址，配置 I²C 转换电路引脚。

b）LCD 背光灯引脚配置为 3，背光引脚的极性设置为 F。

c）调用 LCD 背光设置为 T，点亮背光灯。

d）调用 LCD 原点位设置 VI，设置光标回原点。

e）调用 LCD 写字符串 VI，第 1 行输出 "The Voltage is"。

f）添加 While 循环，内部程序循环执行。

g）调用 ms 延时 VI，使循环执行程序延时 100ms。

h）调用 LCD 光标设置 VI ，设置光标位置为第 2 行第 6 列。

i）调用模拟量读 VI 读取输入电压值。

j）将输入电压值转换为双精度浮点数。

k）调用 LCD 写双精度浮点数 VI，输出电压数据到 LCD。

（3）下载调试。

1）连接 Arduino 硬件，启动 Arduino 编译器。

2）加载 G002. vi 文件。

3）选择 Arduino 硬件类型，选择 Arduino 硬件端口。

4）单击工具栏的编译下载按钮，编译下载程序。

5）观察 LCD 显示，测量显示结果如图 7-31 所示。

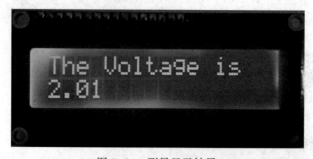

图 7-31　测量显示结果

6）调节模拟取样电位器，观察液晶显示器 LCD1602 显示内容的变化。

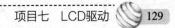

习题7

1. 用液晶屏 LCD1602 实现 "Study Well" 和 "Make Progress" 两行英文字符静态显示。

2. 用液晶屏 LCD1602 制作电压表，量程为 0~5V。

（1）学会使用温度传感器模块 LM35。
（2）学会使用时钟模块 DS1307。

任务 16　应用温度传感器模块 LM35

一、温度传感器模块 LM35

LM35 是把测温传感器与放大电路做在一个硅片上，形成一个集成温度传感器。LM35 是由 National Semiconductor 所生产的温度传感器，其输出电压与摄氏温标呈线性关系，转换公式如下

$$U_{out\_LM35}(T) = 10mV/℃ \times T℃$$

0℃时输出为 0V，每升高 1℃，输出电压增加 10mV。

1. LM35 温度传感器封装

LM35 温度传感器封装具有 TO-92 塑封、SO-8 扁平封装、TO-220 晶体管塑封和 TO-46 金属封装等多种不同封装型式，LM35 封装如图 8-1 所示。

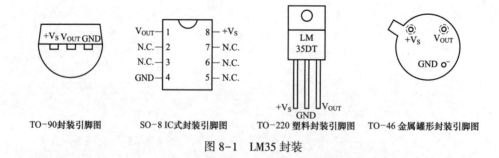

TO-90封装引脚图　　SO-8 IC式封装引脚图　　TO-220 塑料封装引脚图　　TO-46 金属罐形封装引脚图

图 8-1　LM35 封装

LM35 封装形式与型号关系见表 8-1。

表 8-1　LM35 封装形式与型号关系

封装形式	型号
TO-46 金属罐形封装	LM35H, LM35AH, LM35CH, LM35CAH, LM35DH
TO-220 塑料封装	LM35DT

续表

封装形式	型号
TO-92 封装	LM35CZ，LM35CAZ LM35DZ
SO-8 IC 式封装	LM35DM

2. 温度传感器 LM35 供电

在常温下，LM35 不需要额外的校准处理即可达到 ±1/4℃ 的准确率。其电源供应模式有单电源与正负双电源两种，LM35 供电接线如图 8-2 所示，正负双电源的供电模式可提供负温度的量测。

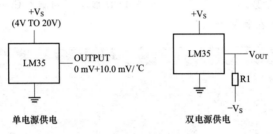

图 8-2 LM35 供电与接线

3. LM35 静止电流-温度关系

两种接法的静止电流-温度关系稍有不同，单电源模式静止电流-温度关系如图 8-3 所示，在静止温度中自热效应低（0.08℃），单电源模式在 25℃ 下静止电流约 50μA，工作电压较宽，可在 4~20V 的供电电压范围内正常工作，非常省电。

双电源模式静止电流-温度关系如图 8-4 所示。

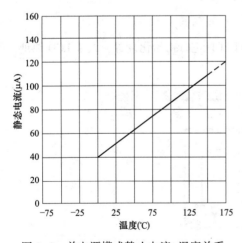

图 8-3 单电源模式静止电流-温度关系

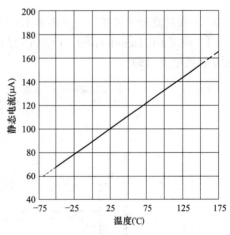

图 8-4 双电源模式静止电流-温度关系

4. LM35 技术参数

（1）供电电压 -0.2~35V。

（2）输出电压 -1.0~6V。

（3）输出电流 10mA。

（4）指定工作温度范围如下。

1）LM35A：−55～+150℃

2）LM35C，LM35CA：−40～+110℃

3）LM35D：0～+100℃

二、温度传感器模块 LM35 的应用

1. 温度传感器模块 LM35 控制要求

（1）LM35 温度传感器模块连接到 Arduino 控制板的模拟输入端 AN0。

（2）通过串口显示测量温度值。

2. 前面板控件对象设计（见图 8-5）

在前面板，设置 3 个数据输入对象，分别为 LCD 显示器列输入 Characters、行输入 Lines 和 LM35 温度传感器模拟输入端 VinPin。

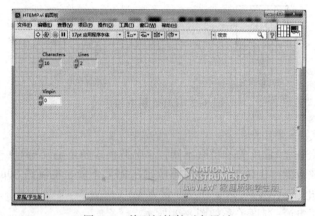

图 8-5　前面板控件对象设计

3. 后面板框图控制程序（见图 8-6）

（1）调用 I²C LiquidCrystal_ I²C VI 初始化 VI 对 LCD 进行初始化设置，设置 LCD 地址，配置 I²C 转换电路引脚。

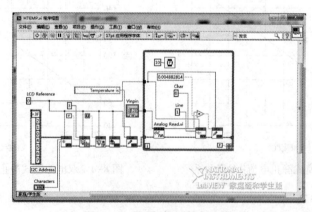

图 8-6　后面板框图控制程序

（2）LCD 背光灯引脚配置为 3，背光引脚的极性设置为 F。

（3）调用 LCD 背光设置为 T，点亮背光灯。

（4）调用 LCD 原点位设置 VI，设置光标回原点。

（5）调用 LCD 写字符串 VI，第 1 行输出 "Temperature is"。

（6）添加 While 循环，内部程序循环执行。

（7）调用 ms 延时 VI，使循环执行程序延时 10ms。

（8）调用 LCD 光标设置 VI，设置光标位置为第 2 行第 6 列。

（9）调用模拟量读 VI，读取模拟输入电压值。

（10）将输入电压值转换为双精度浮点数。

（11）调用 LCD 写双精度浮点数 VI，输出温度数据到 LCD。

 技能训练

一、训练目标

（1）了解 LM35 温度传感器模块。

（2）学会用 LM35 温度传感器模块进行温度检测。

二、训练步骤与内容

（1）硬件电路连接。

1）液晶显示器 LCD1602 以 I^2C 的形式连接 Arduino Uno 控制器。

2）LM35 温度传感器模块输出连接 Arduino Uno 控制器的模拟输入端 AN0。

3）通过 USB 线将 Arduino Uno 控制器连接电脑的 USB 接口。

（2）设计控制程序。

1）启动 LabVIE 软件。

2）新建 1 个 VI，另存为 HTEMP. vi。

3）前面板对象设置。在前面板设置 3 个数据输入对象，分别为 LCD 显示器列输入 Characters、行输入 Lines 和 LM35 温度传感器模拟输入端 VinPin。

4）后面板程序设置。

a）调用 I^2C LiquidCrystal_ I^2C VI 初始化 VI 对 LCD 进行初始化设置，设置 LCD 地址，配置 I^2C 转换电路引脚。

b）LCD 背光灯引脚配置为 3，背光引脚的极性设置为 F。

c）调用 LCD 背光设置为 T，点亮背光灯。

d）调用 LCD 原点设置 VI，设置光标回原点。

e）调用 LCD 写字符串 VI，第 1 行输出 "Temperature is"。

f）添加 While 循环，内部程序循环执行。

g）调用 ms 延时 VI，使循环执行程序延时 10ms。

h）调用 LCD 光标设置 VI，设置光标位置为第 2 行第 6 列。

i）调用模拟量读 VI，读取模拟输入电压值。

j）将输入电压值转换为双精度浮点数。

k）调用 LCD 写双精度浮点数 VI，输出温度数据到 LCD。

（3）下载调试。

1）连接 Arduino 硬件，启动 Arduino 编译器。

2）加载 HTEMP. vi 文件

3）选择 Arduino 硬件类型，选择 Arduino 硬件 USB 端口。

4）单击工具栏的编译下载按钮，编译下载程序。

5）观察 LCD 的温度显示。

6）用手摸 LM35 温度传感器模块，观察 LCD 显示结果。

任务 17   应用 DS1307 时钟模块

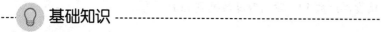 基础知识

一、DS1307 时钟模块

1. DS1307 时钟模块简介

DS1307 是低功耗、两线制 I²C 串行读写接口、日历和时钟数据按 BCD 码存取的时钟/日历芯片，它提供秒、分、小时、星期、日期、月和年等时钟日历数据，另外它还集成了如下几点功能。

（1）56 字节掉电时电池保持的 NV SRAM 数据存储器。

（2）可编程的方波信号输出。

（3）掉电检测和自动切换电池供电模式。

2. DS1307 的寄存器

DS1307 把 8 个寄存器和 56 字节的 RAM 进行了统一编址，具体地址和寄器数据组织格式见表 8-2、表 8-3。

表 8-2   DS1307 寄器数据组织格式 1

地址	数据								说明
	7 位	6 位	5 位	4 位	3 位	2 位	1 位	0 位	
00	CH	秒 十 位			秒 个 位				0~59
01	0	分 十 位			分 个 位				0~59
02	0	12	时十位	时十位	时 个 位				0~12
		24	PM/AM						0~23
03	0	0	0	0	星 期				1~7
04	0	0	日十位		日 个 位				0~31
05	0	0	0	月十位	月 个 位				1~12
06	年 十 位				年 个 位				0~99
07	OUT	0	0	SQWE	0	0	RS1	RS0	控制

00H 为秒寄存器，01H 为分钟寄存器，02H 为小时寄存器，04H 为日寄存器，05H 为月寄存器，06H 为年寄存器，日期为 BCD 码，07H 为方波输出控制寄存器。

表 8-3   DS1307 寄器数据组织格式 2

地址	7 位 …… 0 位	范围，说明
08H~3FH		56×8 字节用户数据存储区

在读写过程中，通过 DS1307 内部一个地址指针，通过写操作可更改它的值，读和写每一

字节时自动加一，当指针越过 DS1307 内部 RAM 尾时，指针将返回到 0 地址处。

DS1307 的时钟和日历数据按 BCD 码存储。

3. 方波信号输出功能

方波信号输出功能由地址为 07H 的寄存器设置。DS1307 的方波信号输出功能设置从 SQW/OUT 引脚输出频率的方波，CONTROL（07H）寄存器用于控制 SQW/OUT 脚的输出。

BIT7（OUT 位）：此位表示在方波输出被禁止时（BIT4 = 0），SQW/OUT 引脚的逻辑电平。在 BIT4 = 0（SQWE = 0 方波输出禁止）时，若 BIT7（OUT）为 1，则 SQW/OUT 引脚为高电平。若 BIT7（OUT）为 0，则 SQW/OUT 引脚为低电平。

BIT4（SQWE 位）：方波输出允许/禁止控制位，SQWE = 1 允许方波输出（有效）；BIT4 = 0 禁止方波输出。

BIT0（RS0）、BIT1（RS1）与设定输出波形的频率，见表 8-4。

表 8-4   设定输出波形的频率

RS1（位1）	RS0（位0）	7 脚（SQW/OUT）输出频率（Hz）	SQWE（位4）	OUT（位7）
0	0	1	1	X
0	1	4096	1	x
1	0	8192	1	x
1	1	32768	1	x
x	x	0 电平	0	0
x	x	1 电平	0	1

要注意的是，00H 地址的第 7 位为器件时钟允许位（CH），由于在开始上电时内部 RAM 内容随机，所以在初始化时，将 CH 位设零（时钟允许）是非常重要的。

4. DS1307 的读写

DS1307 在 TWI 总线上是从器件，地址（SLA）固定为"11010000"，DS1307 写操作 TWI 被控接收模式。

（1）顺序将数据写入到 DS1307 寄存器或内部 RAM 中。

1）发出 START 信号。

2）写 SLA+W（0xd0）字节，DS1307 应答（ACK）。

3）写 1 字节内存地址，DS1307 应答。

4）写数据（可写多个字节，每一字节写入后，DS1307 内部地址计数器加一，DS1307 应答）。

5）发 STOP 信号。

（2）顺序将 DS1307 寄存器或内部 RAM 数据读取。

1）发送 START 信号。

2）写 SLA+R（0xd1）字节，DS1307 应答（ACK）。

3）读数据（可读多个字节，读取数据的 DS1307 内部地址由上次写操作或读操作决定，读取每一字节，DS1307 内部地址计数器加一，主器件应答，读取最后一字节时主器件回应一 NACK 信号）。

4）发送 STOP 信号。

二、DS1307 时钟模块应用

1. DS1307 时钟模块应用电路

DS1307 时钟模块应用 I^2C 驱动接法，Arduino UNO 控制板的引脚 A4、引脚 A5 与 DS1307 时钟模块的 SDA、SCL 连接，Arduino UNO 控制板的电源分别与 DS1307 时钟模块相应的连接。

2. DS1307 时钟模块应用控制程序

(1) 前面板对象控件设计 (见图 8-7)。

1) 为了设置当前时间，在前面板添加一个设置 "Set" 按钮，将 "Set" 按钮初始状态设为 True。

2) 添加 Date 数组对象，数组对象成员分别为秒 seconds (0~59)、分 minutes (0~59)、时 hour (0~23)、常用日 Day、大月日 Date (1~31)、月 Month (1~12)、年 Year (0~99)，将当前的日期时间填入 Date 数组中。

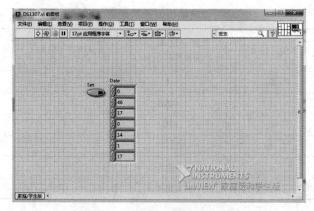

图 8-7　前面板对象控件设计

(2) 后面板读写程序设计 (见图 8-8)。

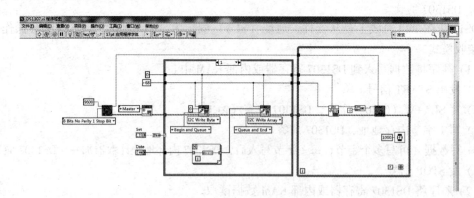

图 8-8　后面板读写程序设计

1) 调用 Serial Open. vi 打开串口便于写实时数据。

2) 调用 I^2C Open. vi 的 Master 模式初始化 DS1307 的 I^2C 通信形式。

3) 如果前面板控件 Set 为 True，首先将所有日期/时间输入的二进制数值转换成 DS1307 识别的 BCD 码格式。

4）然后启动 I^2C 通信并传输日期/时间数据的起始寄存器地址。

5）接着按顺序写入每个日期/时间寄存器数据，保留"Day"寄存器为 0（即星期几），因 DS1307 会自动计算出日期为星期几。

6）在循环中，查询当前日期/时间字符串格式 MM/DD/YYYY HH：MM：SS。

7）写格式化后的日期/时间字符串到串口。

8）每秒持续写 RTC 时间到串口。

9）条件结构为 false（0）对应的程序框图如图 8-9 所示。

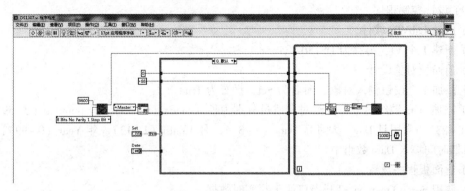

图 8-9 条件结构为 false（0）对应的程序框图

3. 读取 RTC 时钟并格式化 VI 程序（见图 8-10）

（1）调用 I^2C Write Byte.vi 写入 DS1307 寄存器起始地址。

（2）调用 I^2C Request From.vi 查询 7 个字节的日期/时间数据。

（3）调用 I^2C Read All Bytes.vi 读取所有寄存器数据。

（4）将 DS1307 寄存器中所有日期/时间 BCD 码转成 10 进制字符串格式。

（5）格式化日期/时间 MM/DD/YYYY HH：MM：SS。

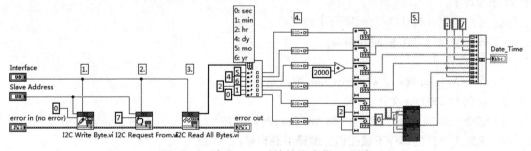

图 8-10 读取 RTC 时钟并格式化 VI 程序

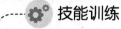 技能训练

一、训练目标

（1）了解 DS1307 时钟模块。

（2）学会应用 DS1307 时钟模块。

二、训练步骤与内容

（1）硬件电路连接。

1）DS1307 时钟模块应用 I^2C 驱动接法，Arduino UNO 控制板的引脚 A4、引脚 A5 与 DS1307 时钟模块的 SDA、SCL 连接，Arduino UNO 控制板的电源分别与 DS1307 时钟模块的电源端对应连接。

2）通过 USB 线将 Arduino Uno 控制器连接电脑的 USB 接口。

（2）设计控制程序。

1）启动 LabVIE 软件。

2）新建 1 个 VI，另存为 DS1307. vi。

3）前面板对象设计。

a）添加 1 个按钮输入对象，命名为 Set，设置为 True。

b）添加 Date 数组对象，数组对象成员分别为秒 seconds（0~59）、分 minutes（0~59）、时 hour（0~23）、常用日 Day、大月日 Date（1~31）、月 Month（1~12）、年 Year（0~99），将当前的日期时间填入 Date 数组中。

4）后面板程序设置。

a）调用 Serial Open. vi 打开串口便于写实时数据。

b）调用 I^2C Open. vi 的 Master 模式初始化 DS1307 的 I^2C 通信形式。

c）如果前面板控件 Set 为 True，首先将所有日期/时间输入的二进制数值转换成 DS1307 识别的 BCD 码格式。

d）然后启动 I^2C 通信并传输日期/时间数据的起始寄存器地址。

e）接着按顺序写入每个日期/时间寄存器数据，保留 "Day" 寄存器为 0（即星期几），因 DS1307 会自动计算出日期为星期几。

f）在循环中，查询当前日期/时间字符串格式 MM/DD/YYYY HH：MM：SS，这都在下面子 VI 中处理了。

g）写格式化后的日期/时间字符串到串口。

h）每秒持续写 RTC 时间到串口。

（3）下载调试。

1）连接 Arduino 硬件，启动 Arduino 编译器。

2）加载 DS1307. vi 文件。

3）选择 Arduino 硬件类型，选择 Arduino 硬件端口。

4）单击工具栏的编译下载按钮，编译下载程序。

5）启动 Arduino IDE，打开串口调试器，观察串口调试器显示窗的数据显示（见图 8-11）。

6）在前面板将 "Set" 按钮设为 False，再次下载，此时仅为时间读取，如果扩展板上的电池已安装上，当前的日期时间应该保留着。

7）启动 Arduino IDE，打开串口调试器，观察串口调试器显示窗的数据显示。

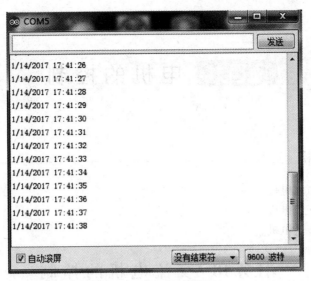

图 8-11　串口调试器显示

习题 8

1. 用 LM35 温度传感器模块, 通过 Arduino 控制板的 AN1 端口实现 LCD 显示的温度检测。
2. 用应用 DS1307 时钟模块, 实现在每周的规定时间的定时开关控制。

（1）学会控制直流电机。
（2）学会控制交流电机。
（3）学会控制步进电机。

任务18　交流电机的控制

基础知识

一、直流电机

直流电动机是将直流电能转换为机械能的电动机，因其良好的调速性能而在电力拖动中得到广泛应用。直流电动机按励磁方式分为永磁、他励和自励3类，其中自励又分为并励、串励和复励3种。

1. 直流电动机基本结构

直流电动机主要是由定子与转子组成，定子包括主磁极、机座、换向电极、电刷装置等。转子包括电枢铁心、电枢（shu）绕组、换向器、轴和风扇等。

2. 转子组成

直流电动机转子部分由电枢铁心、电枢、换向器等装置组成。

（1）电枢铁心部分。电枢铁心的作用是嵌放电枢绕组和建立导磁磁通，为了下降电机工作时电枢铁心中产生的涡流损耗和磁滞损耗。

（2）电枢部分。电枢的作用是产生电磁转矩和感应电动势，是电机进行能量变换的关键部件。电枢绕组由玻璃丝包扁钢铜线或强度漆包线多圈绕制的线圈组成。

（3）换向器又称整流子，在直流电动机中，它的作用是将电刷上的直流电源的电流变换成电枢绕组内的导通电流，使电磁转矩的转向稳定不变，在直流发电机中，它将电枢绕组导通的电动势变换为电刷端上输出的直流电动势。

3. 励磁方式

直流电机的励磁方式是指对励磁绕组如何供电、产生励磁磁通势而建立主磁场的问题。根据励磁方式的不同，直流电机可分为下列几种类型。

（1）他励直流电机。励磁绕组与电枢绕组无连接关系，而由其他直流电源对励磁绕组供电的直流电机称为他励直流电机。

（2）并励直流电机。并励直流电机的励磁绕组与电枢绕组相并联，作为并励发电机来说，是电机本身发出来的端电压为励磁绕组供电；作为并励电动机来说，励磁绕组与电枢共用同一电源，性能与他励直流电动机相同。

（3）串励直流电机。串励直流电机的励磁绕组与电枢绕组串联后，再接于直流电源，这种直流电机的励磁电流就是电枢电流。

（4）复励直流电机。复励直流电机有并励和串励两个励磁绕组，若串励绕组产生的磁通势与并励绕组产生的磁通势方向相同称为积复励，若两个磁通势方向相反，则称为差复励。

不同励磁方式的直流电机有着不同的特性，一般情况直流电动机的主要励磁方式是并励式、串励式和复励式，直流发电机的主要励磁方式是他励式、并励式和复励式。

4. 直流电机特点

（1）调速性能好。调速性能是指电动机在一定负载的条件下，根据需要，人为地改变电动机的转速。直流电动机可以在重负载条件下，实现均匀、平滑的无级调速，而且调速范围较宽。

（2）启动力矩大。适用于重负载下启动或要求均匀调节转速的机械，例如大型可逆轧钢机、卷扬机、电力机车、电车等，都用直流。

5. 直流电动机分类

直流电动机分为有刷直流电动机和无刷直流电动机两大类。

（1）无刷直流电动机。无刷直流电动机是将普通直流电动机的定子与转子进行了互换，其转子为永久磁铁产生气隙磁通，定子为电枢，由多相绕组组成直流电动机。在结构上，它与永磁同步电动机类似，无刷直流电动机定子的结构与普通的同步电动机或感应电动机相同。在铁心中嵌入多相绕组（三相、四相、五相不等），绕组可接成星形或三角形，并分别与逆变器的各功率管相连，以便进行合理换相。由于电动机本体为永磁电机，所以习惯上把无刷直流电动机也叫做永磁无刷直流电动机。

（2）有刷直流电动机。有刷电动机的 2 个刷（铜刷或者碳刷）是通过绝缘座固定在电动机后盖上，直接将电源的正负极引入到转子的换相器上，而换相器连通了转子上的线圈，3 个线圈极性不断的交替变换与外壳上固定的 2 块磁铁形成作用力而转动起来。由于换相器与转子固定在一起，而刷与外壳（定子）固定在一起，电动机转动时刷与换相器不断地发生摩擦产生大量的阻力与热量，所以有刷电机的效率低下损耗非常大。但是它具有制造简单，成本低廉的优点。

6. 直流电机的驱动

普通直流电机有两个控制端子，一端接正电源，另一端接负电源，交换电源接线，可以实现直流电机的正、反转。两端都为高或为低则电机不转。

7. 直流电机驱动芯片

直流电机一般工作电流比较大，若只用 Arduino 去驱动的话，肯定是吃不消的。鉴于这种情况，必须要在电机和 Arduino 之间增加驱动电路，有些为了防止干扰，还需增加光耦。

电机的驱动电路大致分为两类：专用芯片和分立元件搭建。专用芯片又分很多种，例如LG9110、L298N、L293、A3984、ML4428 等。分立元件是指用一些继电器、晶体管等搭建的驱动电路。

L298N 是 SGS 公司的产品，内部包含 4 通道逻辑驱动电路，是一种二相和四相电机的专用驱动器，即内含二个 H 桥的高电压、大电流双全桥式驱动器，接受标准的 TTL 逻辑电平信号，可驱动 46V、2A 以下的电机。芯片有插件式和贴片式两种封装形式，插件 L298 实物如图 9-1 所示。

贴片 L298 实物如图 9-2 所示。

两种封装的引脚对应图可以查阅数据手册，芯片内部主要由几个与门和三极管组成，内部结构如图 9-3 所示。

图 9-1 插件 L298 实物

图 9-2 贴片 L298 实物

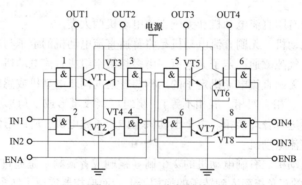

图 9-3 L298 内部结构

图 9-3 中有两个使能端子 ENA 和 ENB，ENA 控制着 OUT1 和 OUT2，ENB 控制着 OUT3 和 OUT4。要让 OUT1~OUT4 有效，ENA、ENB 都必须使能（即为高电平）。假如 ENA、ENB 都有效，IN1 为"1"，那么与门 1 的结果为"1"，与门 2（注意与门 2 的上端有个反相器）的结果为"0"，这样 VT1 导通，VT2 截止，则 OUT1 为电源电压。相反，若 IN1 为"0"，则 VT1、VT2 分别为截止和导通状态，那么 OUT1 为地端电压（0V），别的三个输出端子同理。

PWM 是英文"Pulse Width Modulation"的缩写，简称脉宽调制，是利用微处理器的数字输出来对模拟电路进行控制的一种非常有效的技术，广泛应用在测量、通信、功率控制与变换的许多领域中，用 PWM 控制电机的快慢是一种很有效的措施。PWM 就是高低脉冲的组合，如图 9-4 所示，占空比越大，电机转动越快，占空比越小，电机转动越慢。

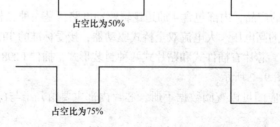

图 9-4 PWM 占空比

8. H 桥驱动电路

H 桥电路与图 9-3 类似，工作原理也是通过控制晶体管（三极管、MOS 管）或继电器的通断而达到控制输出的目的。H 桥的种类比较多，这里以比较典型的一个 H 桥电路（见图 9-5）为例，来讲解其工作原理。

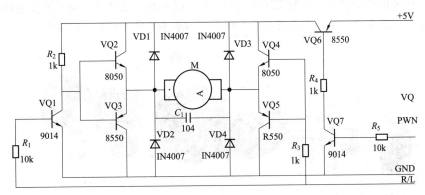

图 9-5　H 桥电路

通过控制 PWM 端子的高低电平来控制三极管 VQ6 的通断，继而达到控制电源的通断，最后形成如图 9-4 所示的占空比。之后是 R/L（左转、右转控制端）端，若为高电平，则 VQ1、VQ3、VQ4 导通，VQ2、VQ5 截止，这样电流从电源出发，经由 VQ6、VQ4、电动机（M）、VQ3 到达地，电动机右转（左转）。通过 R/L 控制方向，PWM 控制快慢，这样就可实现电动机的快慢、左右控制。

9. 直流电机控制电路

由 L298 驱动模块与 Arduino 组建的直流电机驱动电路如图 9-6 所示。

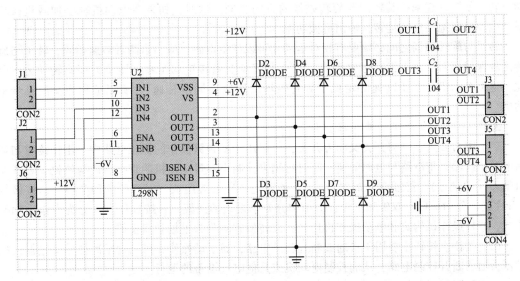

图 9-6　直流电机驱动电路

二极管起续流作用，防止直流电机产生的感生电势对 Arduino 的影响。

与电机并联的电容消除由于电流浪涌而引起的电源电压的变化。

二、交流电机继电、接触器控制

1. 交流异步电动机的基本结构（见图9-7）

交流异步电动机主要由定子、转子、机座等组成。定子由定子铁心、三相对称分布的定子绕组组成，转子由转子铁心、鼠笼式转子绕组、转轴等组成。支撑整个交流异步电动机部分是机座、前端盖、后端盖，机座上有接线盒、吊环等，散热部分有风扇、风扇罩等。

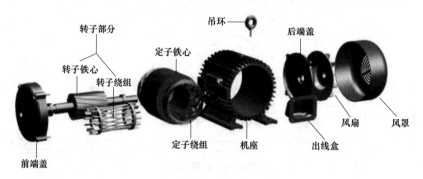

图9-7 交流异步电动机的基本结构

2. 交流异步电动机工作原理

交流异步电动机（也叫感应电动机）是一种交流旋转电动机。

当定子三相对称绕组加上对称的三相交流电压后，定子三相绕组中便有对称的三相电流流过，它们共同形成定子旋转磁场。

磁力线将切割转子导体而感应出电动势，在该电动势作用下，转子导体内便有电流通过，转子导体内电流与旋转磁场相互作用，使转子导体受到电磁力的作用。在该电磁力作用下，电动机转子就转动起来，其转向与旋转磁场的方向相同。这时，如果在电动机轴上加载机械负载，电动机便拖动负载运转，输出机械功率。

转子与旋转磁场之间必须要有相对运动才可以产生电磁感应，若两者转速相同，转子与旋转磁场保持相对静止，没有电磁感应，转子电流及电磁转矩均为零，转子失去旋转动力。因此，这类电动机的转子转速必定低于旋转磁场的转速（同步转速），所以被称为交流异步电动机。

3. 交流异步电动机的接触器控制

（1）闸刀开关。闸刀开关又叫刀开关，一般用于不频繁操作的低压电路中，用作接通和切断电源，或用来将电路与电源隔离，有时也用来控制小容量电动机的直接启动与停机。刀开关由闸刀（动触点）、静插座（静触点）、手柄和绝缘底板等组成。刀开关的种类很多，按极数（刀片数）分为单极、双极和三极；按结构分为平板式和条架式；按操作方式分为直接手柄操作式、杠杆操作机构式和电动操作机构式；按转换方向分为单投和双投等。

（2）按钮。按钮主要用于接通或断开辅助电路，靠手动操作，可以远距离操作继电器、接触器接通或断开控制电路，从而控制电动机或其他电气设备的运行。

按钮的图形符号如图9-8所示。

按钮的触点分动断触点和动合触点两种。动断触点是按钮未按下时闭合、按下后断开的触点，动合触点是按钮未按下时断开、按下后闭合的触点。按钮按下时，动断触点先断开，然后动合触点闭合；松开后，依靠复位弹簧使触点恢复到原来的位置，触电自动复位的先后顺序相反，即动合触点先断开，动断触点后闭合。

（3）交流接触器。交流接触器由电磁铁和触头组成，电磁铁的线圈通电时产生电磁吸引力将衔铁吸下，使动合触点闭合，动断触点断开。线圈断电后电磁吸引力消失，依靠弹簧使触点恢复到原来的状态。

接触器的有关符号如图9-9所示。

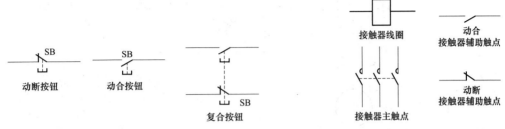

图9-8　按钮的图形符号　　　　　　　　图9-9　接触器的有关符号

根据用途不同，交流接触器的触点分主触点和辅助触点两种。主触点一般比较大，接触电阻较小，用于接通或分断较大的电流，常接在主电路中；辅助触点一般比较小，接触电阻较大，用于接通或分断较小的电流，常接在控制电路（或称辅助电路）中。有时为了接通和分断较大的电流，在主触点上装有灭弧装置，以熄灭由于主触点断开而产生的电弧，防止烧坏触点。接触器是电力拖动中最主要的控制电器之一，在设计它的触点时已考虑到接通负荷时的启动电流问题，因此，选用接触器时主要应根据负荷的额定电流来确定，如一台 Y112M-4 三相异步电动机，额定功率 4kW，额定电流为 8.8A，选用主触点额定电流为 10A 的交流接触器即可。

（4）时间继电器。时间继电器是从得到输入信号（线圈通电或断电）起，经过一段时间延时后才动作的继电器，适用于定时控制。

时间继电器种类很多，按构成原理分有电磁式、电动式、空气阻尼式、晶体管式、电子式和数字式时间继电器等。

空气阻尼式时间继电器是利用空气阻尼的原理制成的，有通电延时型和断电延时型两种。

时间继电器的图形符号如图9-10所示。

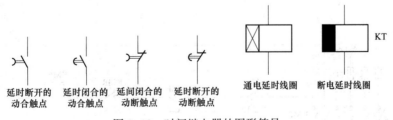

图9-10　时间继电器的图形符号

（5）交流异步电动机的单向连续启停控制。交流异步电动机的单向连续启停控制线路如图9-11所示。

交流异步电动机的单向连续启停控制线路包括主电路和控制电路。与电动机连接的是主电路，主电路包括熔断器、闸刀开关、接触器主触点、热继电器、电动机等。主电路右边是控制电路，包括按钮、接触器线圈、热继电器触点等。

在图9-11中，控制电路的保护环节有短路保护、过载保护和零压保护。起短路保护的是

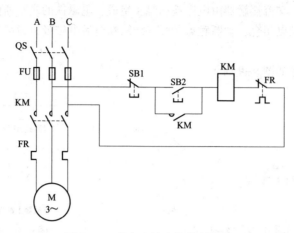

图 9-11　单向连续启停控制线路

串接在主电路中的熔断器 FU，一旦电路发生短路故障，熔体立即熔断，电动机立即停转。

起过载保护的是热继电器 FR。当过载时，热继电器的发热元件发热，将其动断触点断开，使接触器 KM 线圈断电，串联在电动机回路中的 KM 的主触点断开，电动机停转，同时 KM 辅助触点也断开。故障排除后若要重新启动，需按下 FR 的复位按钮，使 FR 的动断触点复位（闭合）即可。

起零压（或欠压）保护的是接触器 KM 本身。当电源暂时断电或电压严重下降时，接触器 KM 线圈的电磁吸力不足，衔铁自行释放，使主、辅触点自行复位，切断电源，电动机停转，同时解除自锁。

SB1 为停止按钮，SB2 为启动按钮，KM 为接触器线圈。

按下启动按钮 SB2，接触器线圈 KM 得电，辅助触点 KM 闭合，维持线圈得电，主触头接通交流电动机电路，交流电动机得电运行。

按下停止按钮 SB1，接触器线圈 KM 失电，辅助触点 KM 断开，线圈维持断开，交流电动机失电停止。

（6）交流异步电动机的正反转控制。交流异步电动机的正反转启停控制线路如图 9-12 所示。

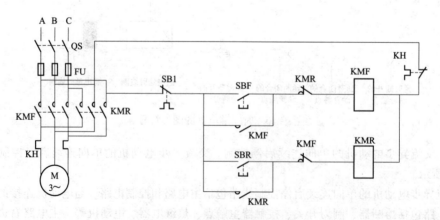

图 9-12　正反转启停控制线路

KMF 为正转接触器，KMR 为反转接触器，SB1 为停止按钮，SBF 为正转启动按钮，SBR 为反转启动按钮。

通过 KMF 正转接触器、KMR 反转接触器可以实现交流电相序的变更，通过交换三相交流电的相序来实现交流电动机的正、反转。

按下启动正转按钮 SBF，正转接触器线圈 KMF 得电，辅助触点 KMF 闭合，维持 KMF 线圈得电，主触点 KMF 接通交流电动机电路，交流电动机得电正转运行。

按下停止按钮 SB1，正转接触器线圈 KMF 失电，交流电动机停止。

按下启动反转按钮 SBR，反转接触器线圈 KMR 得电，辅助触点 KMR 闭合，维持 KMT 线圈得电，主触点 KMR 接通交流电动机电路，交流电动机得电反转运行。

按下停止按钮 SB1，反转接触器线圈 KMR 失电，交流电动机停止。

4. 交流电动机的控制

Arduino 控制交流电动机时，Arduino 的输出端连接一个三极管，由三极管驱动继电器，再由继电器驱动交流接触器，最后通过交流接触器驱动交流电动机。Arduino 输入、输出控制电路如图 9-13 所示。

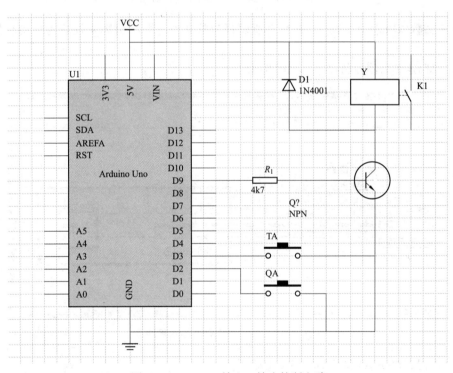

图 9-13 Arduino 输入、输出控制电路

5. 交流异步电动机的单向连续启停控制

（1）单向连续启停控制前面板对象设计（见图 9-14）。

1）添加 3 个数字输入对象，QA 为启动按钮输入端，TA 为停止按钮输入端，Y 连接电动机控制继电器。

2）在 QA 数值输入中设置 2，并将该值设置为默认值，即将引脚 2 设置为启动按钮输入端。

3）在 TA 数值输入中设置 3，并将该值设置为默认值，即将引脚 3 设置为停止按钮输入端。

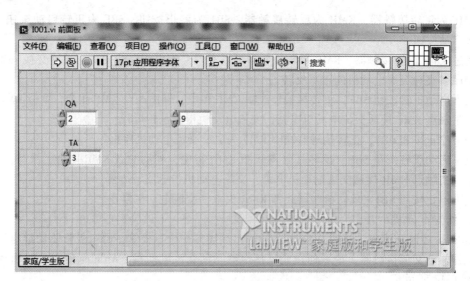

图 9-14　单向连续启停控制前面板对象设计

4）在 Y 数值输入中设置 9，并将该值设置为默认值，即将引脚 9 设置为电动机控制输出端。

（2）单向连续启停控制程序（见图 9-15）。

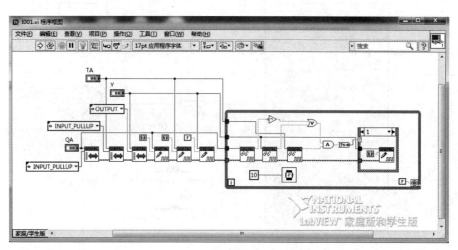

图 9-15　单向连续启停控制程序

1）调用引脚模式 VI 设置 QA、TA 为输入。

2）调用引脚模式 VI 设置 Y 为输出。

3）调用数字写 VI 驱动 Y 初始状态为 F，因为输出采用 NPN 晶体管驱动，高电平有效，设置 Y 为 F，输出低电平，晶体管不导通，继电器不得电，电动机停止运行。

4）添加 While 循环，内部程序循环执行。

5）While 循环的条件控制端创建常量 F。

6）调用 ms 延时 VI，在延时 VI 输入端创建常量 10，延时 10ms，使程序循环执行。

7）调用数字读 VI 读取 QA、TA、Y 的状态。

8）添加条件控制结构。

9) 根据 Y 逻辑控制函数设计条件控制结构输入端控制逻辑。

10) 在条件为 1 的控制结构中调用数字写 VI 驱动 Y 为 T，因为输出采用 NPN 晶体管驱动，高电平有效，设置 Y 为 T，输出高电平，晶体管导通，继电器得电，电机启动运行。

11) 在条件为 0 的控制结构中调用数字写 VI 驱动 Y 为 F，电动机停止运行。

 技能训练

一、训练目标

(1) 学会使用 Arduino 实现交流电动机控制。

(2) 通过 Arduino 实现交流电动机的单向连续启停控制。

二、训练步骤与内容

(1) 硬件电路连接。

1) 输入按钮连接 Arduino Uno 控制器引脚 2、3。

2) 输出驱动连接 Arduino Uno 控制器引脚 9。

3) 通过 USB 线将 Arduino Uno 控制器连接电脑的 USB 接口。

(2) 设计控制程序。

1) 启动 LabVIE 软件。

2) 新建 1 个 VI，另存为 I001. vi。

3) 前面板对象设置。

a) 添加 3 个数字输入对象，QA 为启动按钮输入端，TA 为停止按钮输入端，Y 连接电动机控制继电器。

b) 在 QA 数值输入中设置 2，并将该值设置为默认值，即将引脚 2 设置为启动按钮输入端。

c) 在 TA 数值输入中设置 3，并将该值设置为默认值，即将引脚 3 设置为停止按钮输入端。

d) 在 Y 数值输入中设置 9，并将该值设置为默认值，即将引脚 9 设置为电动机控制输出端。

4) 后面板程序设置。

a) 调用引脚模式 VI 设置 QA、TA 为输入。

b) 调用引脚模式 VI 设置 Y 为输出。

c) 调用数字写 VI 驱动 Y 初始状态为 F，因为输出采用 NPN 晶体管驱动，高电平有效，设置 Y 为 F，输出低电平，晶体管不导通，继电器不得电，电动机停止运行。

d) 添加 While 循环，内部程序循环执行。

e) While 循环的条件控制端创建常量 F。

f) 调用 ms 延时 VI，在延时 VI 输入端创建常量 10，延时 10ms，使程序循环执行。

g) 调用数字读 VI 读取 QA、TA、Y 的状态。

h) 添加条件控制结构。

i) 根据 Y 逻辑控制函数设计条件控制结构输入端控制逻辑。

j) 在条件为 1 的控制结构中调用数字写 VI 驱动 Y 为 T，因为输出采用 NPN 晶体管驱动，高电平有效，设置 Y 为 T，输出高电平，晶体管导通，继电器得电，电动机启动运行。

k) 在条件为 0 的控制结构中调用数字写 VI 驱动 Y 为 F，电动机停止运行。

（3）下载调试。

1）连接 Arduino 硬件，启动 Arduino 编译器。

2）加载 I001. vi 文件。

3）选择 Arduino 硬件类型，选择 Arduino 硬件端口。

4）单击工具栏的编译下载按钮，编译下载程序。

5）观察 Arduino 输出状态的变化。

6）按下按键 QA，观察 Arduino 输出的变化，观察继电器的状态变化，观察电动机的运行。

7）按下按键 TA，观察 Arduino 输出的变化，观察继电器的状态变化，观察电动机的运行。

任务19　交流异步电机星–三角降压启动运行控制

 基础知识

一、任务分析

1. 控制要求

（1）按下启动按钮，电动机定子绕组接成星形启动，延时一段时间后，自动将电动机的定子绕组换接成三角形运行。

（2）按下停止按钮，电动机停止。

（3）具有短路保护和电动机过载保护等必要的保护措施。

2. 电气控制原理

继电器控制的星–三角降压启动控制电路图如图 9-16 所示。

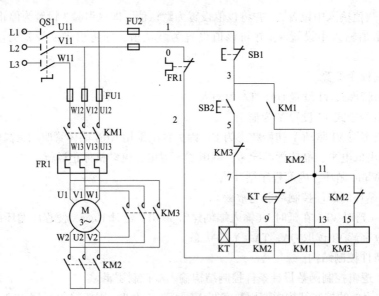

图 9-16　星–三角降压启动控制电路

图 9-16 中各元器件的名称、代号、作用见表 9-1。

表 9-1   元器件的代号、作用

名称	代号	用途
交流接触器	KM1	电源控制
交流接触器	KM2	星形联结
交流接触器	KM3	三角形联结
时间继电器	KT	延时自动转换控制
启动按钮	SB1	启动控制
停止按钮	SB2	停止控制

二、步进顺序控制

1. 步进顺序控制

步进顺序控制就是按照生产工艺要求，在输入信号的作用下，根据内部的状态和时间顺序，一步接一步有序地控制生产过程进行。在实现顺序控制的设备中，输入信号来自于现场的按钮开关、行程开关、接触器触点、传感器的开关信号等，输出控制的负载一般是接触器、电磁阀等。通过接触器控制电动机动作或通过电磁阀控制气动、液动装置动作，使生产机械有序地工作。步进顺序控制中，生产过程或生产机械是按秩序、有步骤连续地进行工作的。

通常，可以把一个较复杂的生产过程分解为若干步，每一步对应生产的一个控制任务（工序），也称为一个状态。

图 9-17 为 Y-△降压起动控制的工作流程。系统处于初始静止状态时，按下启动按钮，系统转入第一步——星形启动状态，延时一段时间转入第二步——三角形运行状态，按下停止按钮，系统回到初始状态。

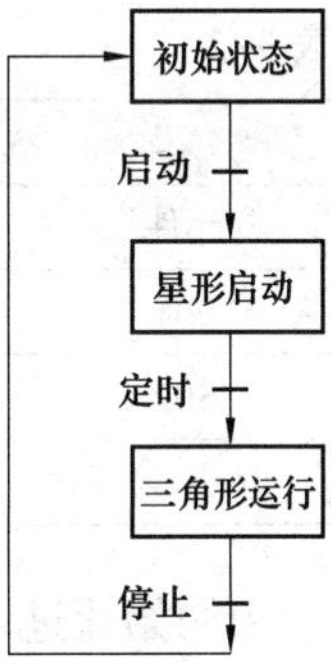

从图 9-17 可以看到，每个方框表示一步工序，方框之间用带箭头的直线相连，箭头方向表示工序转移方向。按生产工艺过程，将转移条件写在直线旁边，转移条件满足，上一步工序完成，下一步工序开始。方框描述了该工序应该完成的控制任务。

由以上分析可知步进顺序控制程序具有以下特点。

（1）将复杂的顺序控制任务或过程分解为若干个工序（或状态），有利于程序的结构化设计。分解后的每步工序（或状态）都应分配一个状态控制元件，确保顺序控制的按要求顺序进行。

（2）相对于某个具体的工序来说，控制任务实现了简化，局部程序编制方便。每步工序（或状态）都有驱动负载能力，能使输出执行元件动作。

图 9-17   Y-△降压启动控制的工作流程

（3）整体程序是局部程序的综合。每步工序（或状态）在转移条件满足时，都会转移到下一步工序，并结束上一步工序。只要清楚各工序成立的条件、转移的条件和转移的方向，就可以进行顺序控制程序的设计。

2. 状态转移图

任何一个顺序控制任务或过程可以分解为若干个工序，每个工序就是控制过程的一个状态，将图 9-17 中的工序更换为"状态"，就得到了顺序控制的状态转移图。状态转移图是使用状态来描述控制任务或过程的流程图。

在状态转移图中，一个完整的状态应包括表示状态的控制变量、状态所驱动的负载、转移

条件和转移方向。图 9-18 所示为状态转移图中的一个完整的状态。方框表示一个状态，框内用状态元件标明该状态名称，状态之间用带箭头的线段连接，线段上的垂直短线及旁边标注为状态转移条件，方框右边为该状态的驱动输出。图 9-18 中当顺序控制进入 S10 状态时，输出继电器 Y1 被驱动。当转移条件 T1 的动合触点闭合时，顺序控制转移到下一个状态 S11。S10 自动复位，该状态下的动作停止，驱动的元件 Y1 复位。

Y—△降压启动控制的状态转移图如图 9-19 所示。

初始状态是状态转移的起点，也就是预备阶段。一个完整的状态转移图必须要有初始状态。图 9-19 中，S0 是初始状态，用双线框表示，其他的状态用单线框表示。

状态图中，输入、输出信号都是 Arduino 控制器的输入、输出继电器的动作，因此，画状态图前，应根据控制系统的需要，分配 Arduino 控制器的输入、输出点。

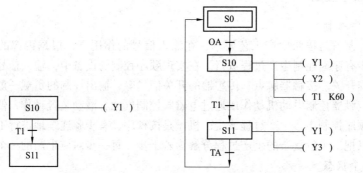

图 9-18　一个完整的状态　　图 9-19　Y—△降压启动控制的状态转移图

Y—△降压启动控制的输入、输出分配见表 9-2。

表 9-2　　　　　　　　　　　　　　输入、输出分配

输入		输出	
元件	地址	元件	地址
SB1	pin2	KM1	pin7
SB2	pin3	KM2	pin8
		KM3	pin9

利用初始化进入初始状态 S0，按下启动按钮 SB1，进入星形启动状态 S10，驱动主控接触器 Y1、星形运行接触器 Y2，使电动机线圈接成星形启动运行，同时驱动定时器 T1 定时 6s。定时时间到，T1 动作，进入三角形运行状态 S11，S10 状态自动复位，驱动主控接触器 Y1、三角形运行接触器 Y3，使电动机线圈接成三角形运行。按下停止按钮，系统回到初始状态 S0。

三、步进顺序控制程序设计

1. Arduino 控制板输入、输出接线图

Arduino 控制板输入、输出接线如图 9-20 所示。

2. 新建一个 Arduino 控制项目

（1）单击"文件"菜单下的"新建项目"命令，新建一个项目。

（2）单击"文件"菜单下的"另存为"命令，另存为"I002. lvproj"项目。

（3）新建一个 vi，另存为 I002. vi。

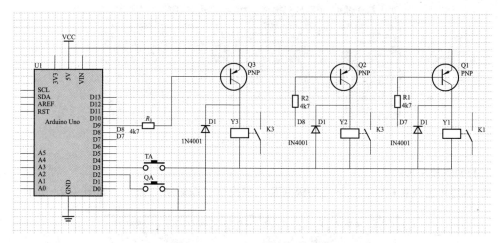

图9-20　Arduino 控制板接线图

3. 创建枚举型变量

枚举型变量与 C 语言中枚举型定义相同，它提供一种选项列表，其中包括一个数字标识和一个字符串标识，数字标识与每一项的顺序对应。枚举型的输入与显示控件位于前面板，如图9-21所示。

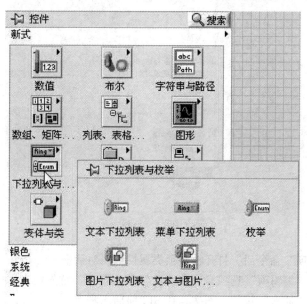

图9-21　枚举型控件

（1）在前面板上创建一个枚举控件对象。

1）在前面板，右键单击空白处，在弹出的控件选板中单击选择"下拉列表与枚举"子选板，在弹出的子选板中单击选择"枚举"控件。

2）移动鼠标在前面板上合适位置单击，创建一个枚举对象，如图9-22所示。

3）双击枚举对象的标签，修改标签名称为"S"。

4）移动鼠标到枚举对象 S 的右边框，出现调整对象大小的小方块和双向箭头，按下鼠标左键移动，调整枚举对象 S 的大小，使其可显示四个字符大小。

图9-22　枚举对象

（2）编辑枚举控件。

1）右键单击枚举控件，在弹出的级联菜单中执行"编辑项"命令，如图9-23所示。

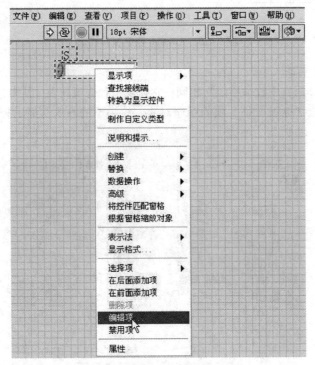

图9-23　执行"编辑项"命令

2）执行"编辑项"命令后，打开枚举项类属性编辑对话框。

3）单击顶部的"编辑项"选项卡，在"项"编辑栏下，首先输入"S12"。

4）单击右边的"插入"按钮，两次，在S12前插入两项。

5）在"项"编辑栏下第1行双击，输入"S0"。

6）在"项"编辑栏下第2行双击，输入"S10"。

7）右边的数值栏自动显示各个枚举数据对应索引的数值，如图9-24所示。

8）单击"确定"按钮，枚举对象的数据编辑完成，枚举对象显示栏中显示初始数据"S0"。

9）单击枚举对象S左边的上、下索引选择箭头，枚举对象显示栏中显示数据随索引值增加、减少变化。

10）枚举数据值可以输入中文，单击枚举对象左边的上、下索引选择箭头，枚举对象显示

图 9-24 编辑枚举项属性

栏中显示的中文数据随索引值增加、减少变化。

（3）将枚举控件另存为"K1. ctl"，如图 9-25 所示。

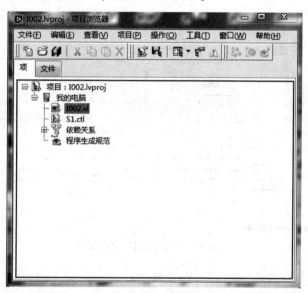

图 9-25 保存枚举控件

4. Arduino 步进状态程序设计

（1）前面板控件对象设计（见图 9-26）。

在前面板添加 5 个数值输入对象，分别用于设置 QA、TA、Y1、Y2、Y3 输入输出引脚。

（2）设计 Arduino 引脚初始化程序。Arduino 引脚初始化程序设置在 While 循环的外部，Arduino 引脚初始化程序如图 9-27 所示。

1）调用引脚模式 VI 设置 QA、TA 为输入。

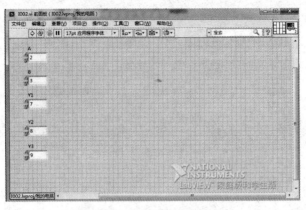

图 9-26　前面板控件对象设计

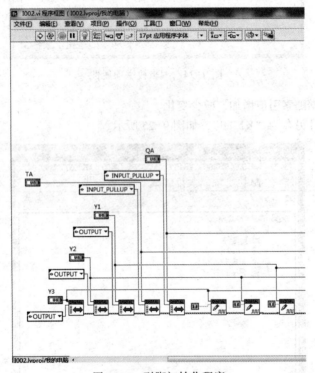

图 9-27　引脚初始化程序

2）调用引脚模式 VI 设置 Y1、Y2、Y3 为输出。

3）调用数字写 VI 驱动 Y1、Y2、Y3 初始状态为 T，因为输出采用 PNP 晶体管驱动，低电平有效，设置 Y1、Y2、Y3 为 T，输出高电平，晶体管不导通，继电器不得电，电动机停止运行。

（3）设计初始状态 S0 控制程序（见图 9-28）。

1）单击程序框图标题栏，打开程序框图编辑界面。

2）在程序框图设计界面，单击右键，在弹出的控件选板中单击选择"结构"子选板，在弹出的结构子选板中单击选择"循环结构"控件。

3）移动鼠标在程序框图设计界面拉出一个矩形框图，放置一个循环结构。

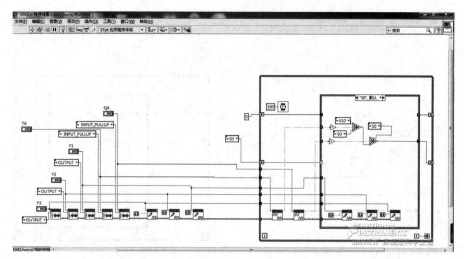

图 9-28　初始状态 S0 控制程序

4）在循环结构的条件端，创建一个常量"F"。

5）在程序框图设计界面，单击右键，在弹出的控件选板中单击选择"结构"子选板，在弹出的结构子选板中单击选择"条件结构"控件。

6）移动鼠标在程序框图设计界面拉出一个矩形框图，放置一个条件结构，条件结构选择器的标签显示"真"。

7）枚举控件 S1 连接循环结构隧道和条件结构的选择器连接端，条件结构选择器的标签显示"S10"。

8）右键单击条件结构选择器标签，在弹出的级联菜单中选择执行"在后面添加分支"命令，在 S10 状态后面自动添加"S12"状态选择分支。

9）单击条件结构选择器标签右边的箭头，可以看到条件结构具有三个选择状态分支。

10）枚举控件 S1 连接条件结构的选择器连接端，如图 9-28 所示，在"While 循环"结构边框形成循环隧道。

11）单击"While 循环"结构边框与枚举变量连线的循环隧道，在弹出的级联菜单中选择执行"替换为移位寄存器"命令，"While 循环"结构建立状态移位寄存器。

12）在"While 循环"结构添加定时等待控件。

13）右键单击定时等待控件输入端，在弹出的级联菜单中选择执行"创建"菜单下的"常量"命令，连接一个常量，并将其数值更改为"100"，即定时等待时间设置为"100ms"。

14）调用数字读 VI，读取 QA、TA 的状态。

15）在 QA、TA 输出端分别添加一个非门，因为 QA、TA 按钮按下时，引脚电平为低电平，通过非门转换为高电平信号。

16）将枚举控件 S1 拖曳到程序框图，并复制、粘贴一次。

17）在 QA 的非门后，添加比较控件，比较控件与枚举控件 S1 连接，鼠标点击枚举控件 S1，分别切换为 S0 和 S10。QA 动作后，由初始态 S0 切换到下一状态 S10。

18）在 TA 的非门后，添加比较控件，比较控件与枚举控件 S1 连接鼠标点击枚举控件 S1，切换为 S0。TA 动作后，切换到初始状态 S0。

19）在初始状态，调用数字写 VI，设置 Y1、Y2、Y3 初始状态为 T。

（4）设计星形运行状态 S1O 控制程序（见图 9-29）。

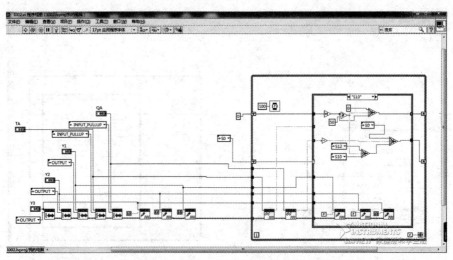

图 9-29　星形运行状态 S1O 控制程序

1）将条件结构状态 S0 的程序拷贝到 S10，并重新连线。

2）添加加 1 控件。

3）在 While 外创建常量 0，连接加 1 控件的输入端，初始数为 0。

4）将常量 0 与 While 循环连接的隧道处，单击右键，在弹出的菜单中选择执行"替换为移位寄存器"。

5）加 1 控件计数延时 100ms 次数，在加 1 控件后添加比较控件，比较计数值是否大于或等于常量 50，即延时 5s。延时 5s 到，通过选择控件进行状态切换，由 S10 切换到 S12，并恢复计数初值 0。

6）TA 动作，切换到 S0。

7）调用数字写 VI，设置 Y1、Y2 为 F，Y3 为 T，即主控接触器 Y1、星形接触器动作，电机星形降压启动。

（5）设计三角形运行状态 S12 控制程序（见图 9-30）。

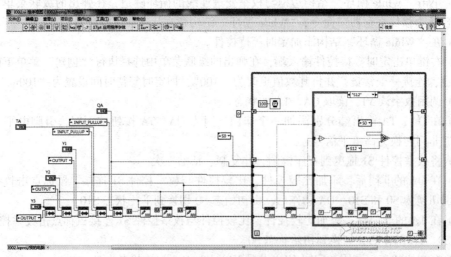

图 9-30　三角形运行状态 S12 控制程序

1）调用数字写 VI，设置 Y1、Y3 为 F，Y2 为 T，即主控接触器 Y1、三角形接触器动作，电机三角形全速运行。

2）TA 动作，切换到 S0。

 技能训练

一、训练目标

（1）能够正确设计三相交流异步电动机的星—三角（Y—△）降压启动控制的 ARM 程序。

（2）能正确输入和传输 Arduino 控制程序。

（3）能够独立完成三相交流异步电动机的星—三角（Y—△）降压启动控制线路的安装。

（4）按规定进行通电调试，出现故障时，应能根据设计要求进行检修，并使系统正常工作。

二、训练步骤与内容

（1）启动 LabVIEW 程序。

（2）新建一个 Arduino 控制项目。

1）单击"文件"菜单下的"新建项目"命令，新建一个项目。

2）单击"文件"菜单下的"另存为"命令，另存为"I002.lvproj"项目。

（3）新建一个 VI，另存为"I002.vi"。

（4）创建一个枚举控件，设置 3 个状态 S0、S10、S12，另存为 S1.ctl。

（5）设计 I002 前面板对象，5 个数值输入对象，分别用于设置 QA、TA、Y1、Y2、Y3 输入输出引脚。

（6）设计引脚初始化控制程序。

（7）设计初始状态 S0 控制程序。

（8）设计星形运行状态 S10 控制程序。

（9）设计三角形运行状态 S12 控制程序。

（10）保存所有程序。

（11）编译、下载程序。

（12）连接外部电路，调试程序。

1）按下启动按钮 QA，观察 Y1、Y2、Y3 继电器的状态，观察电机的运行。

2）等待 5s，观察 Y1、Y2、Y3 继电器的状态，观察电机的运行。

3）按下停止按钮 TA，观察 Y1、Y2、Y3 继电器的状态，观察电机的运行。

任务 20　步进电机的控制

基础知识

一、步进电机

步进电机是将电脉冲信号转变为角位移或线位移的开环控制元步进电机件。在非超载的情况下，电机的转速、停止的位置只取决于脉冲信号的频率和脉冲数，而不受负载变化的影响，当步进驱动器接收到一个脉冲信号，它就驱动步进电机按设定的方向转动一个固定的角度，称为"步距角"，它的旋转是以固定的角度一步一步运行的。可以通过控制脉冲个数来控制角位移量，从而达到准确定位的目的；同时可以通过控制脉冲频率来控制电机转动的速度和加速度，从而达到调速的目的。

步进电机的类型很多，按结构分有反应式（Variable Reluctance，VR）、永磁式（Permanent Magnet，PM）和混合式（Hybrid Stepping，HS）。

反应式：定子上有绕组，转子由软磁材料组成。结构简单、成本低、步距角小（可达 1.2°），但动态性能差、效率低、发热大，可靠性难保证，因而慢慢地在淘汰。

永磁式：永磁式步进电机的转子由永磁材料制成，转子的极数与定子的极数相同。其特点是动态性能好、输出力矩大，但这种电机精度差，步矩角大（一般为7.5°或15°）。

混合式：混合式步进电机综合了反应式和永磁式的优点，其定子上有多相绕组、转子上采用永磁材料，转子和定子上均有多个小齿以提高步矩精度。其特点是输出力矩大、动态性能好、步距角小，但结构复杂、成本相对较高。

下面以 MGMC-V1.0 实验板附带的 28BYJ-48 为例，来讲解步进电机，步进电机型号的各个数字、字母的含义：28——有效最大直径为28mm，B——步进电机，Y——永磁式，J——减速型（减速比为1/64），48——四相八拍。

28BYJ-48 步进电机的内部结构图如图9-31所示。

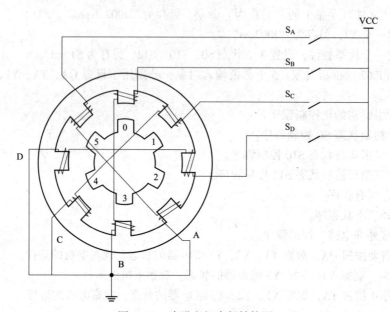

图9-31　步进电机内部结构图

图9-31中的转子上面有6个齿，分别标注为0~5，转子的每个齿上都带有永久的磁性，是一块永磁体；外边定子的8个线圈跟电机的外壳固定在一起，保持不动。外壳上面有8个齿，而每个齿上都有一个线圈绕组，正对着的2个齿上的绕组是串联在一起的，也就是正对着的2个绕组总是会同时导通或断开的，如此就形成了4（8/2）相，在图中分别标注为A-B-C-D。

当定子的一个绕组通电时，将产生一个方向的磁场，如果这个磁场的方向和转子磁场方向不在同一条直线上，那么定子和转子的磁场将产生一个扭力将转子转动。

依次给 A、B、C、D 四个端子脉冲时，转子就会连续不断地转动起来。每个脉冲信号对应步进电机的某一相或两相绕组的通电状态改变一次，也就对应转子转过一定的角度（一个步距角）。当通电状态的改变完成一个循环时，转子转过一个齿距。四相步进电机可以在不同的通电方式下运行，常见的通电方式有单（单相绕组通电）四拍方式（A-B-C-D-A-...）、双（双相绕组通电）四拍方式（AB-BC-CD-DA-AB-...）、八拍方式（A-AB-B-BC-C-CD-D-DA-A-...）。

八拍模式绕组控制顺序见表9-3。

表9-3　　　　　　　　　　　　**八拍模式绕组控制顺序表**

线色	1	2	3	4	5	6	7	8
5红	+	+	+	+	+	+	+	+
4橙	−	−						−
3黄		−	−	−				
2粉				−	−	−		
1蓝						−	−	−

二、Arduino 步进电机控制

1. 控制要求

（1）步进电机采用四相 8 拍运行时序，快速运行为 20 步/s，慢速运行为 2 步/s。

（2）按下正向运行按钮，步进电机正向低速运行。

（3）按下反向运行按钮，步进电机反向低速运行。

（4）按下停止按钮，步进电机停止。

（5）接通快速运行开关，按下正向运行按钮，步进电机正向高速运行。

（6）接通快速运行开关，按下反向运行按钮，步进电机反向高速运行。

2. 输入输出点分配（见表9-4）

表9-4　　　　　　　　　　　　**输入输出点分配**

输入			输出		
元件名称	符号	输入点		符号	
正向启动按钮	K1	pin2	A 相线圈驱动	YA	pin7
反向启动按钮	K2	pin3	B 相线圈驱动	YB	pin8
停止按钮	SB3	pin4	C 相线圈驱动	YC	pin9
			D 相线圈驱动	YD	pin10

3. Arduino 控制状态分配（见表9-5）

表9-5　　　　　　　　　　　　**Arduino 控制状态分配**

软元件	符号	说明
初始状态	S0	
状态 10	S10	A
状态 11	S11	AB
状态 12	S12	B

续表

软元件	符号	说明
状态 13	S13	BC
状态 14	S14	C
状态 15	S15	CD
状态 16	S16	D
状态 17	S17	DA

4. Arduino 步进电机控制接线图（如图 9-32）

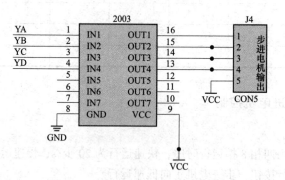

图 9-32   Arduino 步进电机控制接线

5. 根据控制要求设计步进电机控制程序

（1）新建一个 ARM 项目。

1）单击"文件"菜单下的"新建项目"命令，新建一个项目。

2）单击"文件"菜单下的"另存为"命令，另存为"I003.lvproj"项目。

（2）新建一个 VI，另存为"I003. vi"，如图 9-33 所示。

图 9-33   新建 vi

（3）前面板对象设计（见图9-34）。

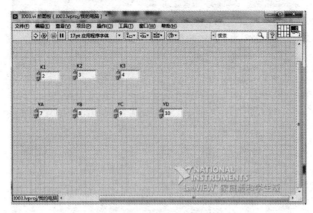

图9-34　前面板对象设计

1）在前面板添加7个数值输入对象，分别用于设置 K1、K2、K3、YA、YB、YC、YD。

2）设置引脚数值。

3）右键单击数值输入对象，如图9-35所示，在弹出的菜单中选择执行"数据操作"菜单下"当前值设置默认值"命令，将数值输入对象的当前值设置默认值。

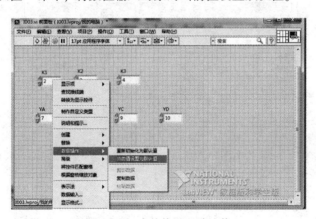

图9-35　当前值设置默认值

4）将所有数值输入对象的当前值设置默认值。

5）保存设置。

（4）创建枚举控件。

1）在前面板单击右键，在弹出的控件选板中，单击选择"下列列表与枚举"控件组中弹出子选项"枚举控件"，移动鼠标在前面板合适单击，放置一个枚举控件。

2）右键单击枚举控件，在弹出的菜单中选择执行"编辑项"命令，如图9-36所示。

3）弹出枚举类属性对话框，首先单击左边项下的空格处，输入 S17。

4）单击"插入"按钮8次，插入8个状态。设置枚举属性数据为"S0""S1""S2""S10"～"S17"对应的索引值分别为0、1～8，枚举控件属性如图9-37所示，单击"确定"按钮，关闭枚举类属性对话框。

5）单击自定义控件编辑界面右上角的关闭按钮，弹出保存自定义控件对话框，单击"保存"按钮，保存枚举控件属性设置。

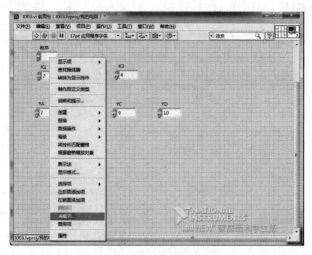

图 9-36　编辑项

图 9-37　枚举控件属性

6）右键单击枚举控件，在弹出的级联菜单中选择执行"制作自定义类型"命令，在 "I003. vi"下创建一个名字为"控件1. ctl"枚举控件。

7）右键单击"控件1. ctl"枚举控件，在弹出的级联菜单中选择执行"另存为"命令，将 "控件1. ctl"枚举控件另存为"S. ctl"。

（5）后面板程序设计。

1）单击执行主菜单栏"窗口"菜单下的"显示程序框图"命令，打开程序框图界面，如 图 9-38 所示。

2）删除枚举控件。

3）选择所有控件对象右键单击，如图 9-39 所示，在弹出的级联菜单中选择执行"显示为 图标"命令，所有控件对象显示为缩小型控件。

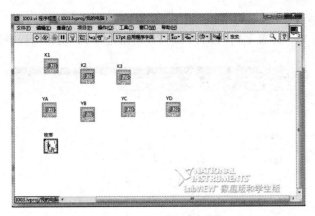

图 9-38　显示程序框图

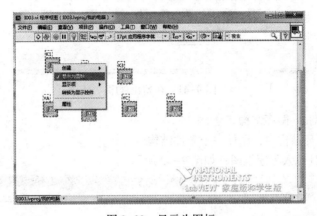

图 9-39　显示为图标

4）右键单击 K1 控件对象，在弹出的级联菜单中选择执行"表示法"菜单下"U8"无符号单字节整型命令，将输入数值对象的数据类型更改为无符号单字节整型数据。

5）将所有控件对象的数值类型更改为无符号单字节整型数据。

6）将所有控件对象排成一列。

7）选择所有控件对象，执行工具栏左对齐命令，如图 9-40 所示，左对齐排列。再执行垂直间隔对其命令，垂直均衡排列。

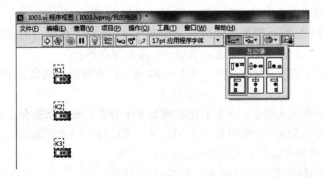

图 9-40　左对齐

8）调用引脚模式 VI 设置 K1、K2、K3 为输入。

9）调用引脚模式 VI 设置 YA、YB、YC、YD 为输出。

10）调用数字写 VI，设置 YA、YB、YC、YD 初始化为 F，初始化程序如图 9-41 所示。

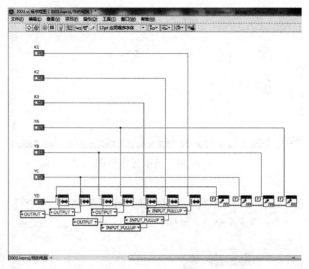

图 9-41　初始化程序

11）添加一个 While 循环结构。

12）在 While 循环结构内，添加一个条件结构。

13）将 S. ctl 控件拉入程序框图，如图 9-42 所示。

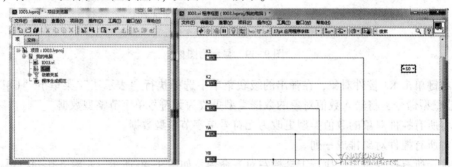

图 9-42　拉入 S. ctl 控件

14）S. ctl 控件连接 While 循环和条件结构的条件输入端。

15）右键单击 While 循环的循环隧道处，如图 9-43 所示，在弹出的级联菜单中选择执行"替换为移位寄存器"命令，循环隧道上添加一个移位寄存器。

16）右键单击条件结构的标签 S10，如图 9-44 所示，在弹出的级联菜单中选择执行"在后面添加分支"命令，在 S10 后添加一个状态分支。

17）继续执行添加分支命令，在其后继续添加 6 个分支，查看状态分支如图 9-45 所示。

18）在 While 循环结构内，调用数字读 VI，读取 K1、K2、K3 的状态。

（6）初始状态 S0 程序设计（见图 9-46）。

1）单击条件结构的标签右边的箭头，切换到 S0 状态。

2）将 S. ctl 枚举控件拉入 4 次到条件结构内，添加 4 个 S. ctl 枚举控件。

3）在条件结构内添加三个逻辑非控件，将读取 K1、K2、K3 的状态取反。

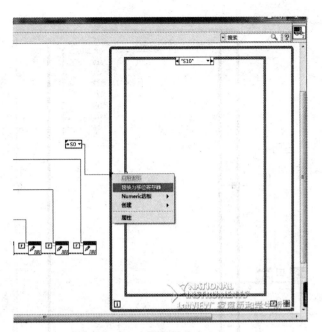

图 9-43　替换为移位寄存器

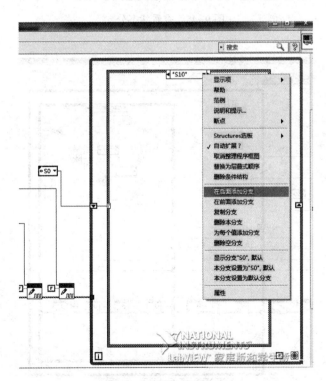

图 9-44　添加状态分支

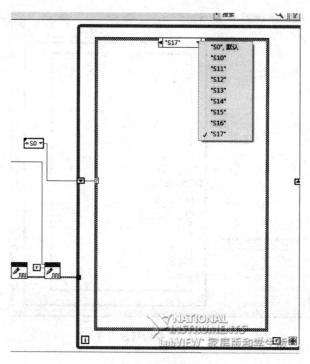

图 9-45　查看状态分支

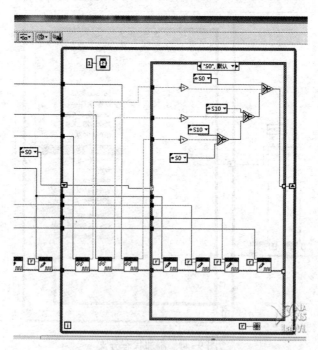

图 9-46　初始状态 S0 程序

4）在条件结构内添加三个选择控件。

5）在条件结构内添加 4 个数字写 VI，用于控制 YA、YB、YC、YD 的输出状态。

6）增加 1 个定时函数，创建连接定时函数输入端的 1 个常量，设置为 1，控制基准时钟为 1ms。

7）输入元件 K1 或 K2 动作，切换到状态 S10。按图 9-46 进行各个 S.ctl 枚举控件状态设置和连线。

（7）设计状态 S10 程序（见图 9-47）。状态 S10 时，YA 动作，延时 2ms，输入元件 K1 动作时，切换到 S11 状态。输入元件 K2 动作时，切换到 S17 状态。按下停止按钮，输入元件 K3 动作时，切换到初始状态 S0。

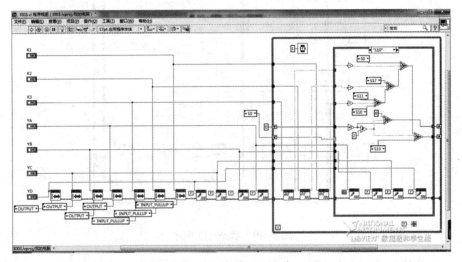

图 9-47　状态 S10 程序

（8）设计状态 S11 程序（见图 9-48）。状态 S11 时，YA、YB 动作，延时 2ms，输入元件

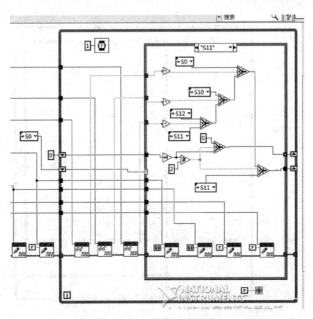

图 9-48　状态 S11 程序

K1 动作时，切换到 S12 状态。输入元件 K2 动作时，切换到 S10 状态。按下停止按钮，输入元件 K3 动作时，切换到初始状态 S0。

（9）设计状态 S12 程序（见图 9-49）。状态 S12 时，YB 动作，延时 2ms，输入元件 K1 动作时，切换到 S13 状态。输入元件 K2 动作时，切换到 S11 状态。按下停止按钮，输入元件 K3 动作时，切换到初始状态 S0。

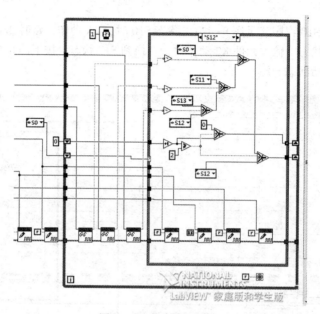

图 9-49　状态 S12 程序

（10）设计状态 S13 程序（见图 9-50）。状态 S13 时，YB、YC 动作，延时 2ms，输入元件 K1 动作时，切换到 S14 状态。输入元件 K2 动作时，切换到 S12 状态。按下停止按钮，输入元件 K3 动作时，切换到初始状态 S0。

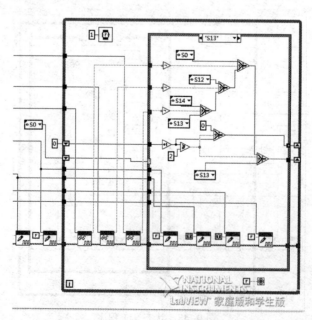

图 9-50　状态 S13 程序

（11）设计状态 S14 程序（见图 9-51）。状态 S14 时，YC 动作，延时 2ms，输入元件 K1 动作时，切换到 S15 状态。输入元件 K2 动作时，切换到 S13 状态。按下停止按钮，输入元件 K3 动作时，切换到初始状态 S0。

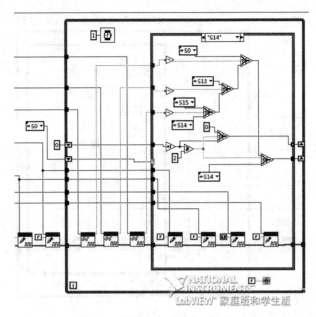

图 9-51　状态 S14 程序

（12）设计状态 S15 程序（见图 9-52）。状态 S15 时，YC、YD 动作，延时 2ms，输入元件 K1 动作时，切换到 S16 状态。输入元件 K2 动作时，切换到 S14 状态。按下停止按钮，输入元件 K3 动作时，切换到初始状态 S0。

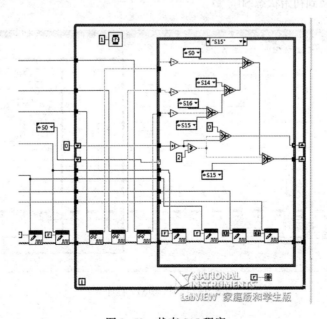

图 9-52　状态 S15 程序

（13）设计状态 S16 程序（见图 9-53）。状态 S16 时，YD 动作，延时 2ms，输入元件 K1 动作时，切换到 S17 状态。输入元件 K2 动作时，切换到 S15 状态。按下停止按钮，输入元件 K3 动作时，切换到初始状态 S0。

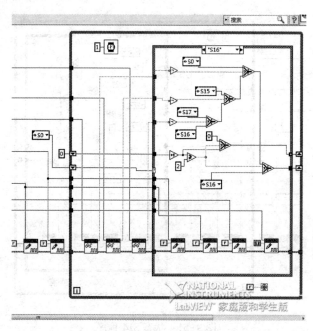

图 9-53　状态 S16 程序

（14）设计状态 S17 程序（见图 9-54）。状态 S17 时，YD、YA 动作，延时 2ms，输入元件 K1 动作时，切换到 S10 状态。输入元件 K2 动作时，切换到 S16 状态。按下停止按钮，输入元件 K3 动作时，切换到初始状态 S0。

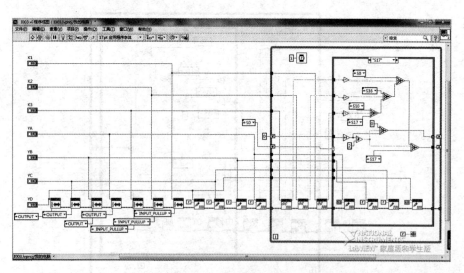

图 9-54　状态 S17 程序

技能训练

一、训练目标

（1）能够正确设计 Arduino 步进电机控制程序。

（2）能正确输入步进电机控制程序。

（3）能够独立完成步进电机控制线路的安装。

（4）按规定进行通电调试，出现故障时，应能根据设计要求进行检修，并使系统正常工作。

二、训练步骤与内容

（1）启动 LabVIEW 程序。

（2）新建一个 Arduino 控制项目。

1）单击"文件"菜单下的"新建项目"命令，新建一个项目。

2）单击"文件"菜单下的"另存为"命令，另存为"I003. lvproj"项目。

（3）新建一个 VI，另存为"I003. vi"。

（4）前面板对象设计。

1）在前面板添加 7 个数值输入对象，分别用于设置 K1、K2、K3、YA、YB、YC、YD，设置引脚数值。

2）右键单击数值输入对象，在弹出的菜单中选择执行"数据操作"菜单下"当前值设置默认值"命令，将数值输入对象的当前值设置默认值。

3）将所有数值输入对象的当前值设置默认值。

4）保存设置。

（5）创建枚举控件。

1）在前面板单击右键，在弹出的控件选板中，单击选择"下列列表与枚举"控件组中弹出子选项"枚举控件，移动鼠标在前面板合适单击，放置一个枚举控件。

2）右键单击枚举控件，在弹出的菜单中选择执行"编辑项"命令。

3）弹出枚举类属性对话框，首先单击左边项下的空格处，输入 S17。

4）单击"插入"按钮 8 次，插入 8 个状态。设置枚举属性数据为"S0""S1""S2""S10"～"S17"对应的索引值分别为 0、1~8，单击"确定"按钮，关闭枚举类属性对话框。

5）单击自定义控件编辑界面右上角的关闭按钮，弹出保存自定义控件对话框，单击"保存"按钮，保存枚举控件属性设置。

6）右键单击枚举控件，在弹出的级联菜单中选择执行"制作自定义类型"命令，在"I003. vi"下创建一个名字为"控件 1. ctl"枚举控件。

7）右键单击"控件 1. ctl"枚举控件，在弹出的级联菜单中选择执行"另存为"命令，将"控件 1. ctl"枚举控件另存为"S. ctl"。

（6）后面板程序设计。

1）单击执行主菜单栏"窗口"菜单下的"显示程序框图"命令，打开程序框图界面。

2）删除枚举控件。

3）选择所有控件对象右键单击，在弹出的级联菜单中选择执行"显示为图标"命令，所有控件对象显示为缩小型控件。

4）右键单击 K1 控件对象，在弹出的级联菜单中选择执行"表示法"菜单下"U8"无符号单字节整型命令，将输入数值对象的数据类型更改为无符号单字节整型数据。

5）将所有控件对象的数值类型更改为无符号单字节整型数据。

6）将所有控件对象排成一列。

7）选择所有控件对象，执行工具栏左对齐命令，左对齐排列。再执行垂直间隔对其命令，垂直均衡排列。

8）调用引脚模式 VI 设置 K1、K2、K3 为输入。

9）调用引脚模式 VI 设置 YA、YB、YC、YD 为输出。

10）调用数字写 VI，设置 YA、YB、YC、YD 初始化为 F。

11）添加一个 While 循环结构。

12）在 While 循环结构内，添加一个条件结构。

13）将 S. ctl 控件拉入程序框图，S. ctl 控件连接 While 循环和条件结构的条件输入端。

14）右键单击 While 循环的循环隧道处，在弹出的级联菜单中选择执行"替换为移位寄存器"命令，循环隧道上添加一个移位寄存器。

15）右键单击条件结构的标签 S10，在弹出的级联菜单中选择执行"在后面添加分支"命令，在 S10 后添加一个状态分支。

16）继续执行添加分支命令，在其后继续添加 6 个分支。

17）在 While 循环结构内，调用数字读 VI，读取 K1、K2、K3 的状态。

18）设计初始状态 S0 程序。

19）设计状态 S10 程序。状态 S10 时，YA 动作，延时 2ms，输入元件 K1 动作时，切换到 S11 状态。输入元件 K2 动作时，切换到 S17 状态。按下停止按钮，输入元件 K3 动作时，切换到初始状态 S0。

20）设计状态 S11 程序。状态 S11 时，YA、YB 动作，延时 2ms，输入元件 K1 动作时，切换到 S12 状态。输入元件 K2 动作时，切换到 S10 状态。按下停止按钮，输入元件 K3 动作时，切换到初始状态 S0。

21）设计状态 S12 程序。状态 S12 时，YB 动作，延时 2ms，输入元件 K1 动作时，切换到 S13 状态。输入元件 K2 动作时，切换到 S11 状态。按下停止按钮，输入元件 K3 动作时，切换到初始状态 S0。

22）设计状态 S13 程序。状态 S13 时，YB、YC 动作，延时 2ms，输入元件 K1 动作时，切换到 S14 状态。输入元件 K2 动作时，切换到 S12 状态。按下停止按钮，输入元件 K3 动作时，切换到初始状态 S0。

23）设计状态 S14 程序。状态 S14 时，YC 动作，延时 2ms，输入元件 K1 动作时，切换到 S15 状态。输入元件 K2 动作时，切换到 S13 状态。按下停止按钮，输入元件 K3 动作时，切换到初始状态 S0。

24）设计状态 S15 程序。状态 S15 时，YC、YD 动作，延时 2ms，输入元件 K1 动作时，切换到 S16 状态。输入元件 K2 动作时，切换到 S14 状态。按下停止按钮，输入元件 K3 动作时，切换到初始状态 S0。

25）设计状态 S16 程序。状态 S16 时，YD 动作，延时 2ms，输入元件 K1 动作时，切换到 S17 状态。输入元件 K2 动作时，切换到 S15 状态。按下停止按钮，输入元件 K3 动作时，切换到初始状态 S0。

26）设计状态 S17 程序。状态 S17 时，YD、YA 动作，延时 2ms，输入元件 K1 动作时，切换到 S10 状态。输入元件 K2 动作时，切换到 S16 状态。按下停止按钮，输入元件 K3 动作时，切换到初始状态 S0。

27）保存所有程序。

（7）编译、下载程序。

（8）连接外部电路。

（9）调试程序。

1）按下自锁正转按钮 K1，观察输出的状态变化，观察步进电机的运行。

2）再次按下自锁正转按钮 K1，观察输出的状态变化，观察步进电机的运行。

3）按下停止按钮 K3，观察输出的状态变化，观察步进电机的运行。

4）按下自锁正反转按钮 K2，观察输出的状态变化，观察步进电机的运行。

5）再次按下自锁反转按钮 K2，观察输出的状态变化，观察步进电机的运行。

习题 9

1. 设计交流异步电动机单向连续启停控制的 Arduino 控制程序，并下载到 Arduino 开发板，观察程序的运行。

2. 设计交流异步电动机三相降压启停控制的 Arduino 控制程序，并下载到 Arduino 开发板，观察程序的运行。

3. 设计电机正、反转控制程序，并下载到 Arduino 开发板，观察电机的运行。

4. 交通灯的控制时序如图 9-55 所示，运用步进顺序控制法，设计简易交通灯控制程序。

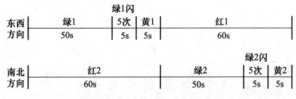

图 9-55　交通灯的控制时序